半導体が一番わかる

これくらいは知っておきたい
仕組みと最新技術

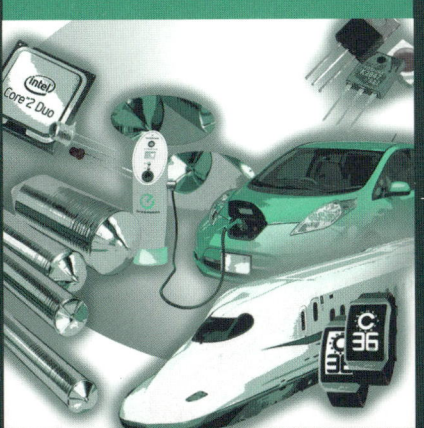

内富直隆 著

技術評論社

はじめに

　トランジスターが発明されてからすでに60年以上が経ち、今ではトランジスターという言葉を耳にすることはほとんどなくなりましたが、トランジスターが消えたわけではありません。高度に進化した集積回路の中に、無数（といっても誇張ではないほど）に組み込まれているため、「これがトランジスター」と指差して見ることができなくなっただけなのです。

　トランジスターを発明したバーディーンは、かつてこう語ったことがあるといいます。「今世の中に見られるエレクトロニクスの成果というものは、発明当時、私たちが試みたどんなに乱暴な予測さえも遠く及ばないほどです」。

　たしかにトランジスターは、今や空気のようにあたり前の存在になりました。そうして現在のIT社会が到来したのです。

　けれど、昔のラジオ少年たちはきっと覚えていることでしょう、かつてトランジスターを1石（せき）、2石と数えた時代があったことを。なぜトランジスターは「石（いし）」を単位として語られたのでしょうか。それは、真空中を電子が流れる真空管とは違って、トランジスターは特殊な固体結晶の中の電子のふるまいを応用して、検波や増幅といった無線通信に必須の機能を実現した素子だったからなのです。

　その「特殊な固体結晶」こそ、本書で語られるところの「半導体」にほかなりません。

　本書は、2009年に出版した『初歩の工学　はじめての半導体　－しくみと基本がよくわかる－』に最新の情報を追加して全面改訂したものです。

2014年　春
内富直隆

半導体が一番わかる 目次

はじめに……………3

第1章 半導体とは何か……………9

1　半導体の生い立ちは「半端な導体」だった……………10
2　意外？「炭」も半導体という事実……………12
3　電気抵抗率のレンジの広さこそが半導体の最大の特徴……………14
4　温度上昇で抵抗率が急激に低下する特異性……………16
5　不純物に敏感に反応するのも典型的な半導体特性……………18
6　量子論が解き明かした半導体の電気的ふるまい……………20
7　バンド理論でわかった半導体の熱特性の正体……………22
8　真性半導体と不純物半導体……………24
9　電気を運ぶキャリア（「電子」と「正孔」）……………26
10　不純物半導体と価電子制御……………28
11　n形半導体とp形半導体……………30
12　n形半導体と電荷伝導のしくみ……………32
13　p形半導体と電荷伝導のしくみ……………34
14　n形、p形の名付け親はベル電話研究所……………36
15　どうしてシリコンが半導体材料に選ばれたのか……………38
16　pn接合におけるキャリアの動き……………40
17　pn接合の平衡状態をエネルギーバンド図で見ると……………42
18　pn接合に電圧（バイアス）をかけると……………44
19　逆方向バイアスと降伏現象……………46
20　光る半導体と光らない半導体の違い……………48

CONTENTS

21 半導体の発光波長はどのように決まるのか……………50
22 半導体の面白さは混晶にある……………52
23 ヘテロ接合構造と二次元電子ガス……………54
24 電子を閉じこめる量子井戸……………56
　　　量子論の夜明け……………58

第2章 半導体デバイスの誕生……………61

1 半導体デバイスとは何か……………62
2 エレクトロニクスの始まりと電子デバイスの創造……………64
3 真空管から半導体の時代へ……………66
4 トランジスターの発明……………68
5 接合型トランジスターの動作原理……………70
6 トランジスターの増幅作用……………72
7 電界効果トランジスター（FET）……………74
8 MOSトランジスター（MOSFET）……………76
9 MOSトランジスターの動作特性……………78
10 化合物半導体トランジスター（MESFET）の活躍……………80
11 高電子移動度トランジスター（HEMT）……………82
12 ヘテロ接合バイポーラトランジスター（HBT）……………84
13 需要急伸中！ パワー半導体……………86
14 パワー半導体の重要特性「耐圧」と「オン抵抗」……………88
15 大電流を整流・制御するサイリスタ……………90
16 交流電力が制御できるトライアック（TRIAC）……………92
17 大電力トランジスター パワーMOSFET……………94
18 高耐圧用パワー半導体IGBT……………96
19 IT時代を支える半導体集積回路……………98

20 デジタルICの基本はCMOSインバータ……………100
21 大規模集積回路（LSI）の種類…………102
22 ユーザープログラマブルIC……………104
23 半導体メモリーの種類……………106
24 半導体メモリーの代表格ダイナミックRAM……………108
25 記憶が消えないフラッシュメモリー……………110
26 イメージセンサーは電子の目……………112
27 携帯時代のモノリシック・マイクロ波集積回路（MMIC）……………114

第3章 半導体集積回路の製造技術……………117

1 半導体集積回路ができるまで……………118
2 高純度なシリコン単結晶の作り方……………120
3 化合物半導体インゴットの作り方……………124
4 ウエハーの切り出しと加工……………126
5 ウエハーの表面を覆う半導体薄膜エピタキシー技術……………128
6 【前工程】集積回路の進化はリソグラフィが決め手……………134
7 金属電極の作り方 スパッタリング法……………138
8 MOSトランジスターの製造工程……………140
9 【後工程】ダイシングから半導体チップまで……………142

第4章 オプトエレクトロニクス……………147

1 脚光を浴びるオプトエレクトロニクス……………148
2 半導体が光る3つのメカニズム……………150
3 pn接合で光る発光ダイオード……………152
4 ダブルヘテロ構造が発光ダイオードを明るくする……………154

CONTENTS

 5 青色発光ダイオードの実現……………156
 6 時代は白色発光ダイオード……………158
 7 光を検出するフォトダイオード……………160
 8 光導電効果で光を検知するフォトセル……………162
 9 レーザーとはどんなものなのか……………164
 10 レーザー発振はどのようにして起こるのか……………166
 11 半導体レーザーの基本構造……………168

第5章 半導体発電素子……………171

 1 太陽光を電気に変える太陽電池……………172
 2 太陽電池の種類と変換効率……………174
 3 普及が進むシリコン系太陽電池……………176
 4 化合物系太陽電池CISとCIGS……………180
 5 重箱状に重ねて高効率化するタンデム型太陽電池……………182
 6 透明な半導体薄膜……………184
 7 熱を直接電気エネルギーに変換する熱電変換素子……………186

第6章 半導体の最新動向……………189

 1 電子だけでも光る量子カスケードレーザー……………190
 2 粉から半導体に変身する亜鉛華ZnO……………192
 3 半導体と磁性体を融合するスピントロニクス……………193
 4 炭化シリコンSiCが鍵を握るパワーエレクトロニクス……………196

あとがき……………200 写真および資料ご提供／参考文献…………201
用語索引……………202

コラム｜目次

- ホットスポット……………11
- 絶縁体と絶縁抵抗……………15
- 電気抵抗率と電気導電率……………17
- 半導体のバンドギャップや不純物準位はどうやって調べるのか………51
- ホモ接合とヘテロ接合……………55
- ダイオードは半導体の代名詞ではない……………67
- どうして電子の流れと電流の向きは逆なのか……………73
- ショットキー電極とオーミック電極……………81
- 格子定数と格子整合……………85
- 大電力制御向けGTOサイリスタ……………93
- パワーMOSFETのおかげで、ACアダプターが小さくなった………95
- 高周波回路に不可欠なインピーダンスマッチング……………115
- 世紀の大発見にはセレンディピティがつきもの……………116
- 半導体結晶の原子の配列を調べる……………123
- 半導体ウエハーと結晶方位……………127
- 半導体製造とクリーンルーム……………144
- 半導体表面の原子配列を見る方法……………145
- X線結晶構造回折法……………146
- 半導体の発光現象はルミネッセンス……………149
- キャリア（電子や正孔）の移動度（モビリティ）……………151
- 電子と正孔はどうやって見分ける?……………163
- 今、そこにある危機……………170
- 変換効率を表すJIS規格（公称効率）……………175
- 量子ドットをタンデム型太陽電池に応用する……………183
- p形の透明半導体は難しい?……………185
- 半導体レーザーのしきい電流……………191
- 炭化シリコンはいろいろな顔を持つ……………197
- 注目されるテラヘルツ波……………198
- 半導体と特許……………199

半導体とは何か

正体不明の石ころに、半熟、半端の「半」を冠した
エレクトロニクス黎明期の技術者たち。
彼らは自分たちが半導体と名付けた石ころが、
100年経って近代社会を支える素材になることなど、
想像もできなかったに違いない。

1-① 半導体の生い立ちは「半端な導体」だった。

　半導体——今では日常的に耳にするこの言葉も、考えてみればじつに不思議な言葉です。半円なら円のきっかり2分の1を意味するし、半月だって1カ月のちょうど半分を意味します。けれど、半導体の「半」は2分の1を意味してはいません。

　半導体という言葉を最初に使いはじめたのは、1920年代、ドイツの無線技術者たちだといわれています。ドイツ語で半導体はHalbleiter(ハルブライタ)。halb(ハルブ)は英語でhalf(ハーフ)(半分)、leiter(ライタ)はconductor(コンダクター)(導体)を意味しますから、まさしく半分＋導体＝半導体となるのですが、じつは名付けられた当時、半導体の正体はまだほとんどわかっていませんでした。

　知られていたのは、方鉛鉱などある種の鉱石の表面に細い金属針を立てると電流を一方向にだけ流す整流と呼ぶ作用が得られることぐらい。この整流作用は、無線通信の分野で、受信した電波から音声信号を取り出すための「検波」という用途に使えるため、無線通信黎明期の技術者たちは、さまざまな鉱石を入手しては最も感度がよくなるホットスポット探しに夢中になったのです。そして彼らは、そういった鉱石結晶を「**半導体**」と呼んだのです。

　けれど、同じ種類の鉱石でも、ものによってあまりに異なる電気的性質を示す「半導体」は、いかにも気まぐれでコントロールの利かない物質でした。そのため、ミクロの世界を探究する量子力学が確立しつつあった当時でさえ、半導体は不完全な導体であって学問の対象にはなりえない、とする声が少なくありませんでした。

　ですから、半導体の「半」は半熟・半端の「半」、つまり不完全という意味を内包していたのです。Halbleiterを英語に移植した**Semiconductor**(セミコンダクター)のsemi(セミ)にも、そういった否定的なニュアンスがうかがわれます。しかし、気まぐれで不完全に見える電気的なふるまいの中に、半導体の今日に至る可能性が隠されていたのです。

解説 　**導体**：金属や炭素のように電気をよく通す物質のこと。
　　　　整流作用：電気を一方向にしか流さない電気的性質のこと。

図 1-1　自然界にある半導体はいかにも気まぐれな性質を持つ

無線通信の黎明期、受信電波から音声信号を取り出す検波部品として、電流を一方向にしか流さない整流作用を持つ鉱石探しが盛んに行われたが、そのあまりにもバラツキの多い電気的特性に技術者たちは悩まされた。

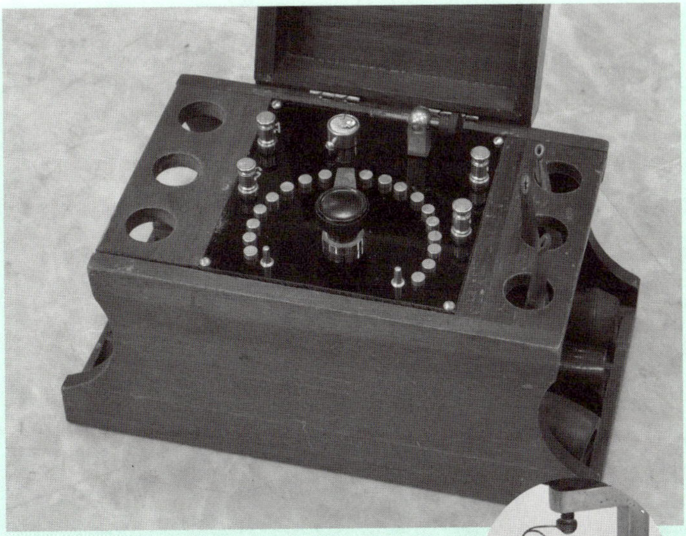

方鉛鉱の検波器が中央上部に置かれた鉱石ラジオ。撮影協力：電気通信大学・UECコミュニケーションミュージアム

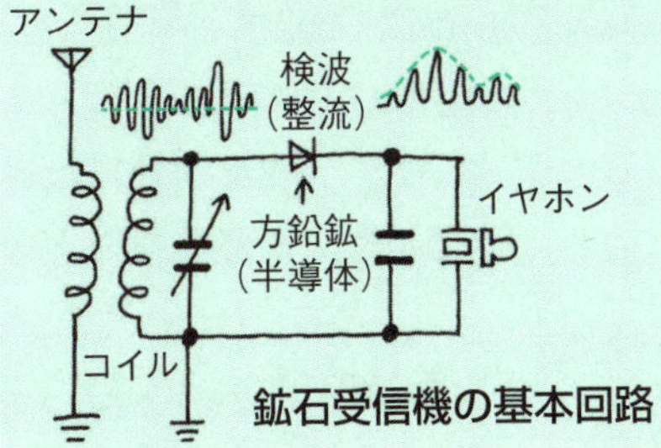

アンテナ
検波（整流）
方鉛鉱（半導体）
イヤホン
コイル
鉱石受信機の基本回路

方鉛鉱検波器
方鉛鉱

> ⚠ **ホットスポット**
>
> 受信した電波信号の中から音声信号を取り出す機能を検波と呼びます。無線通信の黎明期に登場した受信機は、方鉛鉱に2つの電極を当てて検波を行いましたが、電極を当てる場所を手作業で変えながら、最も感度のよい場所（ホットスポット）を探して受信しました。

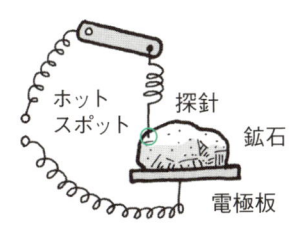

ホットスポット　探針　鉱石　電極板

1-2 意外？「炭」も半導体という事実

結晶状態や、温度や圧力などの環境が少し変わるだけで気まぐれな電気特性を示す鉱石結晶の総称であった半導体ですが、その後の研究によって、さまざまな種類の半導体物質が発見されました。

たとえば、今では半導体部品の材料としてシリコン（Si：ケイ素）があまりにも有名ですが、このシリコンのように半導体としての電気的特性を持つ物質には、共通する大きな特徴がわかっています。それは、現在知られている半導体物質が、**周期表**のⅡ族からⅥ族の元素で構成されていることです。その中には、Ⅳ族で原子番号6番の炭素（C）も含まれています。つまり炭も環境変化によって半導体特有の気まぐれな電気特性を示すのです。

シリコンや炭素、ゲルマニウム（Ge）のように、単一の元素で構成される半導体を**元素半導体**と呼びます。

それに対して、複数の元素が結合すると半導体の性質を示すものを**化合物半導体**と呼び、構成元素の数によって2元系、3元系、4元系と分類します。化合物半導体は、単周期表のⅡ族とⅥ族、Ⅲ族とⅤ族、Ⅳ族同士というように、足して8になる族同士で結合しているのが特徴で、元素半導体では実現できない高速性や光電特性を発揮するため、高速通信や太陽光発電などの半導体素子材料として利用されています。

また、酸化亜鉛（ZnO）やインジウムガリウム亜鉛酸化物（IGZO）などの特定の金属酸化物は**酸化物半導体**と呼ばれ、可視光を通す性質があることから、液晶パネルや太陽電池の透明電極などに活用されています。

元素半導体、化合物半導体、酸化物半導体の3つは総称して**無機半導体**として分類され、テトラセンやアントラセンなどの**有機半導体**と分けて分類しています。

有機半導体は塗布や印刷して使えるため、薄膜状の軽量性と柔軟性を生かした電子ペーパーなどへの応用が期待されています。

 無機物質と有機物質：生物由来の炭素原子を含む物質を有機物といい、水や空気や金属などの生物に由来しない物質を無機物という。

図 1-2a 半導体の分類

1つの元素を材料として開発された半導体も、その用途の広がりを受けて化合物半導体、そして酸化物半導体や有機半導体の開発が進められている。

分類				半導体物質の代表例	特徴と用途
半導体	無機半導体	元素半導体		シリコン（Si） ゲルマニウム（Ge） セレン（Se） 炭素（C）	一般部品 
		化合物半導体	II-VI族 2元素	硫化亜鉛（ZnS） 硫化カドミウム（CdS） テルル化カドミウム（CdTe）	高速動作 高性能 
			II-VI族 3元素	テルル化水銀カドミウム（HgCdTe）	化合物半導体
			III-V族 2元素	ガリウムヒ素（GaAs） 窒化ガリウム（GaN） リン化インジウム（InP）	
			III-V族 3元素	アルミニウムガリウムヒ素（AlGaAs） ガリウムインジウムヒ素（GaInAs）	酸化物半導体
			III-V族 4元素	リン化インジウムガリウムヒ素（InGaAsP）	
			IV-IV族 2元素	炭化ケイ素（SiC）	
		酸化物半導体		酸化亜鉛（ZnO） インジウム酸化スズ（ITO） インジウムガリウム亜鉛酸化物（IGZO）	透明電極
	有機半導体	電子の移動速度がシリコンより遅いので、用途が表示素子などに限られるが、環境負荷が少ないことや曲げられる特性を生かして、今までにない分野への応用が期待できる		テトラセン（$C_{18}H_{12}$） アントラセン（$C_{14}H_{10}$） 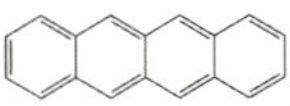	電子ペーパー 

図 1-2b 単周期表で見る半導体材料原子

短周期表の族は、いくつの水素原子や酸素原子と結びつくかの原子価を分類している。色で示したものが半導体物質の構成原子。

周期	I族	II族	III族	IV族	V族	VI族	VII族	VIII族			0
1	H										He
2	Li	Be	B	C	N	O	F				Ne
3	Na	Mg	Al	Si Ti	P	S	Cl				Ar
4	K Cu	Ca Zn	Sc Ga	Ge Zr	V As	Cr Se	Br	Mn	Fe	Co Ni	Kr
5	Rb Ag	Sr Cd	Y In	Sn Hf	Nb Sb	Mo Te	I	Tc	Ru	Rh Pd	Xe
6	Cs Au	Ba Hg	Tl	Pb	Ta Bi	W Po	At	Re	Os	Ir Pt	Rn
7	Fr	Ra									

1・半導体とは何か

1-3 電気抵抗率のレンジの広さこそが半導体の最大の特徴

　半導体とは何か。一般には「電気抵抗の大きさが、金属と絶縁体（インシュレーター）の中間にある一群の物質」（『物性科学事典』）と定義されます。

　電気抵抗というのは、物質に電気を流したときの電気の通しにくさを表す数値のことですから、半導体は、金属（導体）ほどには電気を通さないけれど、絶縁体（ゴム、ガラスなど）よりは電気を通す物質、ということになります。電気抵抗の値は測定する物質の形状などによって左右されるので、通常は、単位断面積（1平方メートル）・単位長さ（1メートル）あたりの電気抵抗を示す**電気抵抗率**ρ（ロー）（単位：オーム・メートル[$\Omega \cdot m$]）の値をもって、物質固有の電気抵抗の大きさを比較します。つまり、電気抵抗率の値が大きいほど電気を流しにくい物質ということになるわけです。

　そこで、物質の電気抵抗率を比較して並べてみると、おおむね、導体は10のマイナス6乗（10^{-6}）$\Omega \cdot m$以下、絶縁体は10の8乗（10^{8}）$\Omega \cdot m$以上、半導体は10のマイナス6乗（10^{-6}）$\Omega \cdot m$以上〜10の8乗（10^{8}）$\Omega \cdot m$以下となります。たしかに、半導体の電気抵抗率は導体と絶縁体の中間に位置しますが、「おおむね」と断ったように、必ずしも、それらの境界は明確ではありません。電気抵抗率がいくつなら導体、いくつなら半導体という具合に明確に定義することはできないのです。

　したがって、電気抵抗率が導体と絶縁体の中間の物質を半導体とする定義は、便宜的なものと考えたほうがよいのです（それが本質だとしたら、半導体は「不完全な導体」のそしりを免れえないのです）。

　半導体の特徴を電気抵抗率で見るなら、むしろ、そのレンジ（範囲）の広さこそ注目すべきポイントです。

　たとえば、導体として一般的な主な金属（金・銀・銅・鉄・アルミニウムなど）の電気抵抗率がほとんど10のマイナス8乗付近に集中しているのに対して、半導体のほうは10の14乗もの広い範囲にわたって分布しています。そして、さらに重要なのは、半導体物質それぞれが、状態の違いによって非常に大きく電気抵抗率を変化させることなのです。

図 1-3 物質の電気的特性は電気抵抗率で表される

金属などの導体や、ゴムなどの絶縁体の電気抵抗率はきわめて狭い範囲に集まるのに対して、半導体の電気抵抗率のレンジは幅広い。

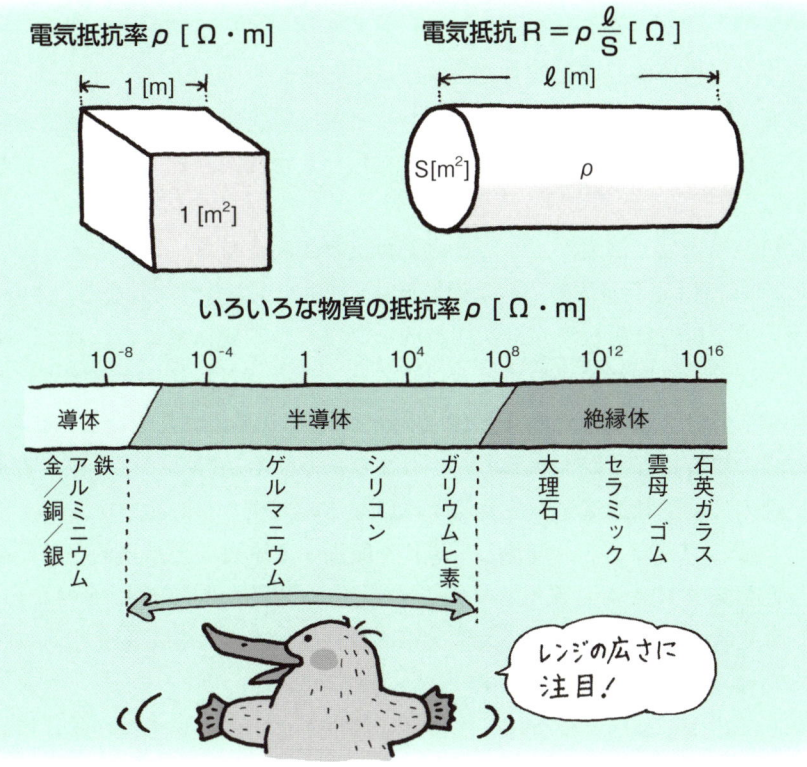

> レンジの広さに注目！

🔔 絶縁体と絶縁抵抗

　上の図でもわかるとおり、導体や絶縁体といっても、抵抗値がまったくゼロあるいは無限大というわけではありません。導体とされる金属にもわずかに抵抗があり、絶縁体とされる物質にはわずかながらも電気を通す余地が残っているのです。

　導体の抵抗成分は大電流を流すときに電力損失を生み出す原因となり、絶縁体の絶縁不足は大電圧を加えたときの漏電の原因になります。絶縁体の絶縁度の高さを抵抗値で示すときは、その抵抗を絶縁抵抗と呼ぶことがあります。

1-④ 温度上昇で抵抗率が急激に低下する特異性

　まず、半導体は温度の変化に敏感に反応します。

　金属（導体）も半導体も、温度が変わると電気抵抗率が変化する性質を持っている点では変わりません。ただし、変化のしかたが両者では著しく異なっているのです。

　金属の場合は、温度が上がると電気抵抗率が高くなる（電気を通しにくくなる）のに対し、半導体の場合は逆に低く（電気を通しやすく）なる。さらに、金属の場合は電気抵抗率が一次関数的になだらかに変化するのに対し、半導体の場合は指数関数的に急峻に変化するという違いもあります（図1-4 下）。

　要するに、金属は温度が上がると徐々に電気の流れが悪くなるのに対し、半導体の場合は温度が上がると、それまであたかも絶縁体のようにふるまっていたのに、急激に電気が流れるようになるのです。

　じつはこの違いこそ、導体と半導体を峻別する本質的・構造的な違いを反映したものにほかなりません。したがって、「電気抵抗率が中間的な物質」という定義よりは、むしろ、条件次第で電気抵抗率が大きく変化する物質といったほうが実態に近いのです。

　余談ですが、金属と違って、半導体は温度が上がると導電性が急に増加することを発見したのは、「科学史上最高の実験物理学者」と呼ばれるファラデー（英）でした。1839年、兄貴分のデーヴィー（英）が金属の導電性に関する実験を繰り広げ、温度が上がると金属の電気抵抗（率）が高くなることを発見した後のこと。もちろん、まだ半導体という概念はありませんでした。用いた材料は、硫化銀（Ag_2S）。これが、物質の半導体的性質に関する最初の発見といわれています。

　しかし、なぜ温度が上がると金属では電気抵抗率が上昇し、半導体では低下するのか、その理由が解明されるのは、約1世紀後の1930年代のことでした。

解説
ファラデー：Michael Faraday
デーヴィー：Sir Humphry Davy

図 1-4　熱特性の違いが金属（導体）と半導体の決定的な差

金属に熱を加えると電気を通しづらくなるのに、半導体は加熱すると電気を流しやすくなる。

100W白熱電球のフィラメントの抵抗値は、常温で約5Ω程度だが、熱すると100Ωに上昇する。これが金属導体の一般的な特性だが、半導体はまったく逆の熱特性を示す。

金属の電気的温度特性

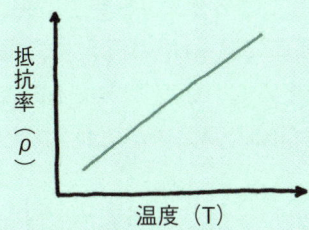

金属の電気抵抗率は温度に比例して増加する。

半導体の電気的温度特性

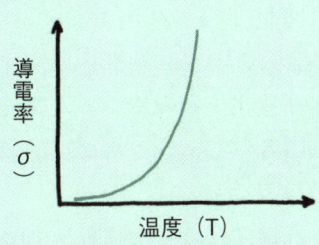

半導体の導電率は温度が上昇すると急激に増加する。

❗ 電気抵抗率と電気導電率

　物質が持つ電気の流れを妨げる特性を表すのが電気抵抗率ですが、その抵抗率の逆数をとって、電気導電率 σ（シグマ）として表すこともあります。導電率は、物質の電気の通しやすさを表す数値となり、ジーメンス・パー・メートル（S／m）という単位で表します。

$$\text{電気導電率}(\sigma) = \frac{1}{\text{電気抵抗率}(\rho)} \quad [\text{S/m}]$$

1-⑤ 不純物に敏感に反応するのも典型的な半導体特性

　温度変化によって電気抵抗率が変化する理由を説明する前に、もうひとつ、典型的な半導体的性質を挙げておく必要があります。

　金属と違って半導体の場合、結晶（原子の周期的な配列）に歪みや欠陥があったり、不純物が混入していたりすると、著しくその電気的性質を変えてしまうのです。こういった性質は、**構造敏感**と呼ばれます。

　とりわけ、不純物の混入によって受ける影響は極めて大きく（ちなみに、不純物というのは、たとえばシリコン結晶に着目する場合、そこに混入しているシリコン以外の原子を指し、別に不純物原子自体が〝不純〟なわけではない）、半導体の場合、不純物の量や種類によって、電気抵抗率などの性質ががらっと変わってしまうのです。その不純物の量というのも、何パーセントといった単位で表されるような大きな数字ではありません。10万分の1（10^{-5}）から10億分の1（10^{-9}）といった、ごくごく微量の混入で、電気的性質が大きく変化するのです。人間世界に例えるなら、日本国民1億人の中に1人の外国人が入ってきただけで、いきなり国民の性格が変わってしまうようなものなのです。

　自然界から掘り起こした鉱石結晶を「半導体」と呼んで検波器に使っていた1920年代、半導体が気まぐれでコントロールの利かない物質とみなされたのも無理はありません。同じ鉱石種でも、産地が違えば電流の流れが変わるのは、不純物原子の種類が違うことで生じた相違だったわけですし、同じ産地の鉱石でも、かけら次第で電気抵抗率ががらっと変わるのは、不純物原子が局在しているため、濃度の違いによって生じた相違だったのです。

　たしかに自然界に存在する半導体結晶をそのまま利用するのでは、いかにもコントロール不能な物質です。しかし、その本質が解明され、人工的に高純度の結晶生成や不純物添加ができるようになると、話は大きく変わってきました。

図 1-5　半導体の特異な構造敏感

半導体結晶中にごく微量の不純物が混ざるだけで、その電気的特性は大きく変わってしまう。それは日本国民 1 億人の中に 1 人の外国人が入ってきただけで、いきなり国民の性格が変わってしまうようなものなのだ。

シリコンの不純物濃度と電気特性変化

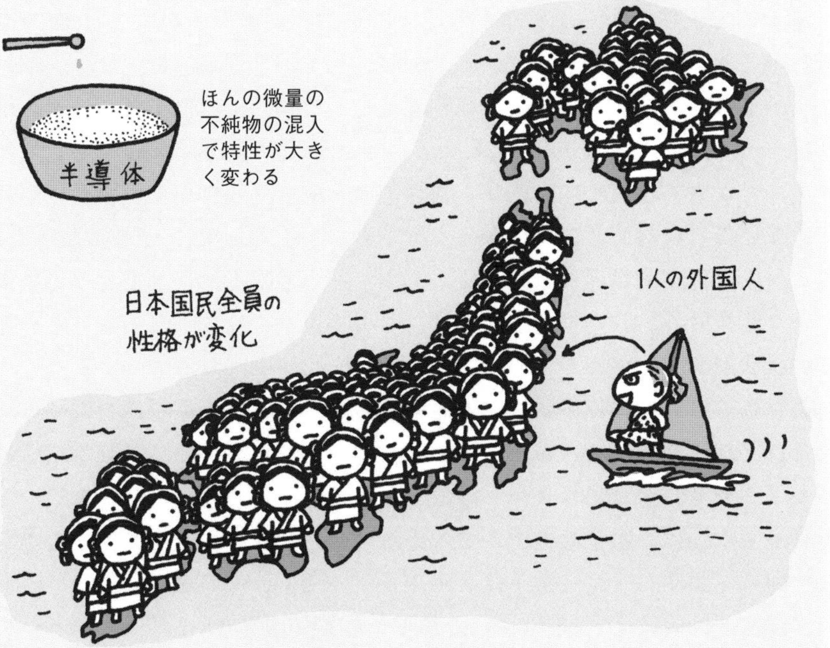

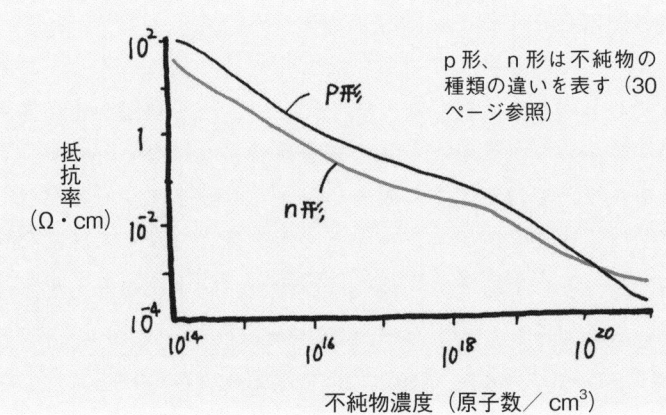

1-6 量子論が解き明かした半導体の電気的ふるまい

　半導体の正体が明らかになるのは、量子論の根本原理が確立した1930年ごろのことでした。

　量子論は、エネルギーのような物理量も、それ以上分割できない最小構成単位（エネルギー量子）から成り立っているという認識から出発しています。あたかも、物質がいくつかの素粒子から成り立っていて、それ以上分割できないことに対応しているかのようです。したがって、ミクロの世界では、ニュートン力学的世界とは違って、エネルギーは離散的、とびとびの数値しかとりえません。言い換えるならば、エネルギーには許される状態と許されない状態があるということです。

　これは、ひとつの原子についてもいえることで、その原子内の電子は、それぞれとびとびのエネルギーしか許されていません。この許される状態のエネルギーをそれぞれ**エネルギー準位（エネルギーレベル）**といいます。これを理解するには、電子殻モデルで考えるのがわかりやすいので、ここでもそれを使って説明します。電子は、エネルギー準位の低い順に、K殻（軌道数1）、L殻（軌道数4）、M殻（軌道数9）、N殻（軌道数16）……と1つの軌道に2個ずつ埋まっていきますが（31ページの**長周期表**3〜11族の遷移元素の場合は最後に埋めきらずに飛び越しはしますが）、電子殻の間、あるいは、それぞれの軌道の間に存在することは許されません。

　では、原子の集合体である金属や半導体などの固体結晶になると、エネルギー準位はどう変わるのか。近接しあう原子間では、電子軌道が相互作用を及ぼしあう結果、エネルギー準位が帯状に幅を持つようになるのです。この帯状になったエネルギー準位を**エネルギーバンド**と呼びます。このバンドの範囲内では、電子はほぼ連続的にエネルギーの値を変えられるようになります。ただし、広いバンドを形成するのは、外側から（つまり、エネルギー準位の高いほうから）2つまでの軌道の場合がほとんどです。

 長周期表：メンデレーエフが原子を質量順に並べて作成した周期表の8族に希ガスを加えて改良した「短周期表」に対して、原子番号（陽子の数）順に18の族で並べた周期表。

図 1-6a　電子殻モデルで見る電子の軌道とエネルギー準位

電子は原子核を中心とする決まった軌道上に波として存在している。その電子の軌道はいくつか集まって電子殻と呼ばれる特定のエネルギー準位（状態）を形成する。

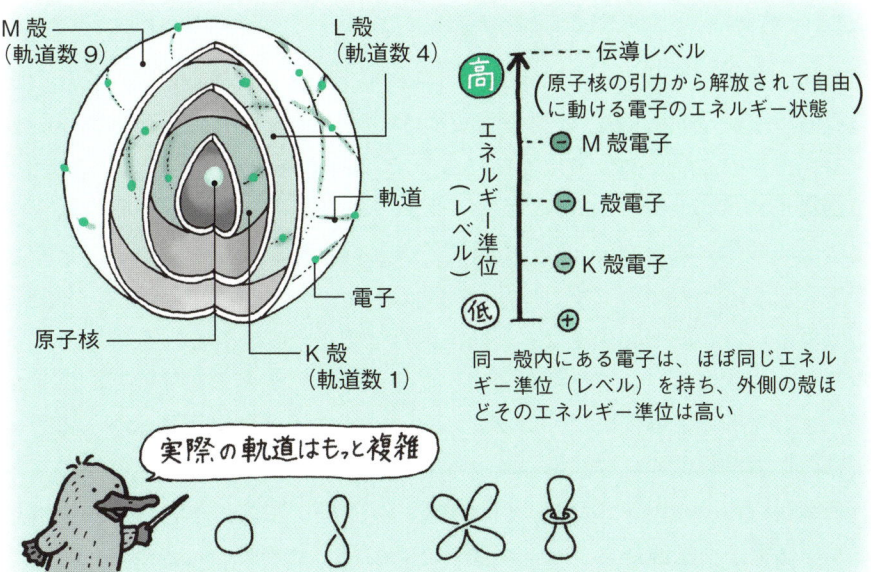

図 1-6b　共有結合でエネルギー準位が帯状に分布する

原子は近接すると最外殻の電子を相互に共有して結合（分子化や結晶化）する。そのとき、共有される電子個々のエネルギー準位がほんのわずかずつずれて帯状に分布するため、この広がった領域をエネルギーバンドと呼ぶ。

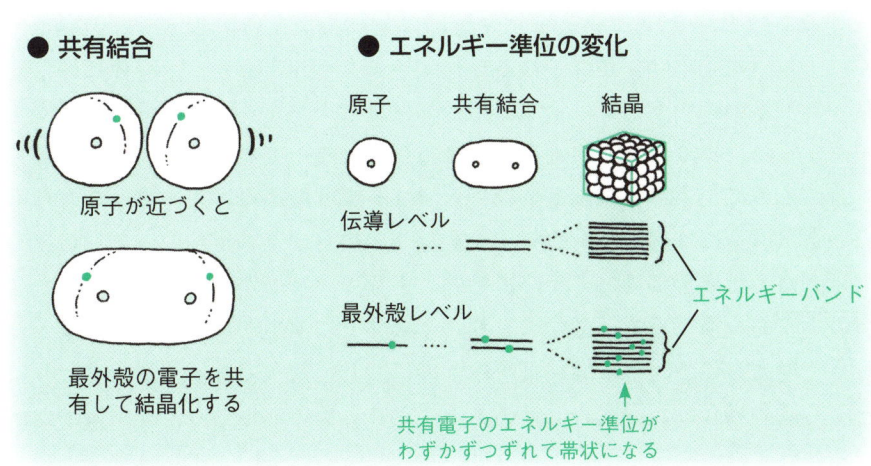

1-7 バンド理論でわかった半導体の熱特性の正体

では、金属、半導体、絶縁体では、エネルギーバンド構造にどんな違いがあるのでしょうか。図1-7aはそれぞれのエネルギーバンドの最上位（最もエネルギーの高い）部分を比較したもので、**エネルギーバンド図**といいます。

価電子帯（Valence Band）とは、原子の最外殻にあって原子間の結合や化学反応の担い手となる電子（「**価電子**」という）が存在するバンドを指します。

伝導帯（Conduction Band）とは、通常は電子が存在しないものの、電子の存在が許されるバンドを指します。価電子帯の電子が熱や光などのエネルギーをもらって伝導帯にジャンプすると、その電子は**伝導電子**となって電気伝導の担い手（**キャリア**）となります。

禁制帯（Forbidden Band）とは、電子の存在が許されないバンドを指します。価電子が伝導帯にジャンプするためには、禁制帯のエネルギー幅（**バンドギャップ**）を超えるエネルギーが必要とされます。なお、電子は価電子帯のエネルギー準位の低いところから埋まっていきますが、席さえあれば、（確率的に）**フェルミレベル**と呼ばれるエネルギー準位までは存在することが許されます。

そこで図1-7bを見てみると、金属には禁制帯がないかあっても伝導帯のすぐ下に（電子の存在が許される）フェルミレベルがあり、半導体には禁制帯があるもののギャップは狭く、絶縁体には広いギャップがあるのがわかるでしょう。つまり、金属の価電子は価電帯が詰まっていけばいつでも伝導帯に行けるのに、半導体の価電子はギャップを乗り越えるエネルギーをもらわないと伝導帯には行けないのです。絶縁体の場合は、エネルギーをもらってもほとんど伝導帯に達しえないほどの大きなギャップがあります。これが3者の本質的な違いです。これにより、半導体では温度が上がれば伝導電子が大きく増えるので、電気導電率が増すのに対し、常温でも伝導電子が十分にある金属の場合は、温度の上昇によって起こる原子の振動のほうが電子の伝導の妨害要因となって働くため、抵抗が増してしまうのです。

図 1-7a　エネルギーバンド図の基本構造

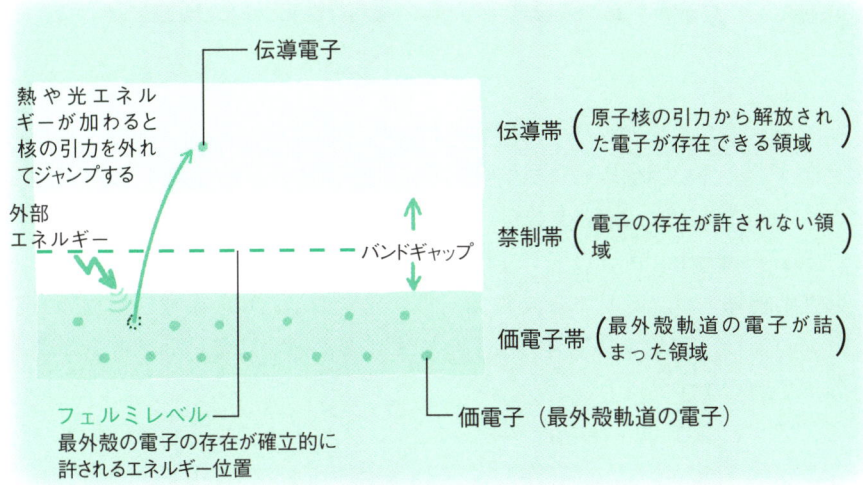

図 1-7b　金属、半導体、絶縁体のエネルギーバンドの違い

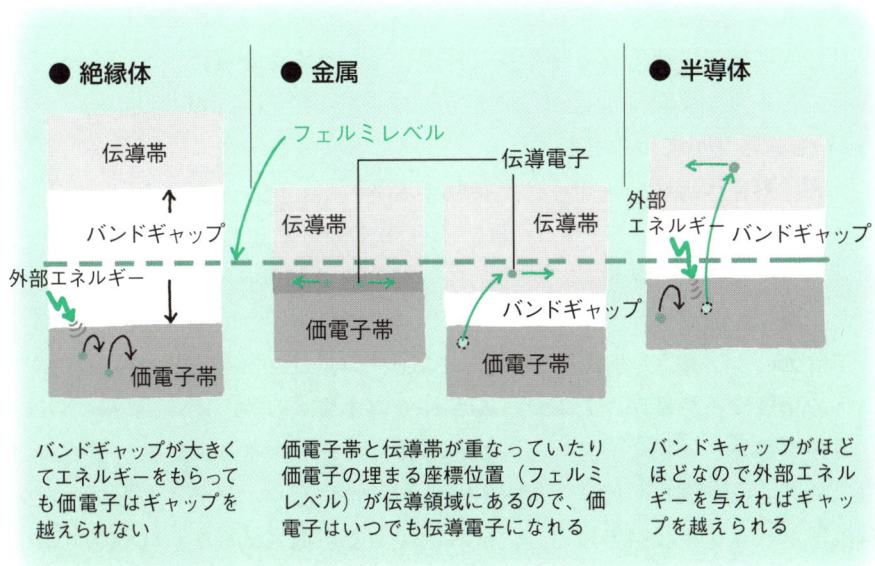

> **解説　フェルミレベル**：電子や正孔の存在確率が 2 分の 1 になるエネルギーレベルを表すもので、絶対零度 0K では、電子が存在しうる最高のエネルギーレベルに相当する。

1-⑧ 真性半導体と不純物半導体

　量子論に基づく最初の半導体理論を完成させたウィルソン（英）は、エネルギーバンド図を用いて金属・半導体・絶縁体の違いを説明しただけでなく、半導体にも、真性半導体（intrinsic semiconductor）と外来半導体（extrinsic semiconductor）の2種類があることを示しました。

　真性半導体とは、シリコン単結晶（単一元素の結晶）のように不純物（シリコンの場合、シリコン以外の原子）をまったくといっていいほど含まない半導体を指します。

　今日では、シリコン単結晶の純度はイレブン・ナイン（11N）あるいはトゥエルブ・ナイン（12N）が要求されます。つまり、99.999999999％と9が11個（11N）～12個（12N）並ぶほどの純度が要求されるのです。これは、1千億個あるいは1兆個の白砂中にたった1つだけ黒砂が混じるような純度が要求されているのです。

　真性半導体に求められる9の数（純度）は、半導体物質によって異なっており、ゲルマニウム（Ge）では9が9個で十分ですが、シリコン（Si）では9が11個程度が求めらます。

　一方、**外来半導体**——現在は**不純物半導体**（impurity semiconductor）という言葉が使われる——のほうは、不純物を微量に含んだ半導体を指します。今日では、真性半導体に人工的に不純物を**添加**（**ドーピング**＝doping）した半導体を指します。添加量は、シリコンでおおむね100万分の1（10^{-6}）～1億分の1（10^{-8}）の範囲と、極めて微量です。しかも10億分の1（10^{-9}）以下の精度で添加量がコントロールされています。

　真性半導体と外来半導体（不純物半導体）の最も大きな違いは、前者が室温（300K＝セ氏約27度）では電気抵抗が非常に高く、高温にしないと電気抵抗率が低くならないのに対し、後者は室温でも電気抵抗率が低い点です。

　不純物半導体の製造は、いうなれば、不純物に敏感な半導体の特性を逆手に取った、画期的な物質生成といえるのです。

図 1-8a　真性半導体と不純物半導体のバンド構造の違い

真性半導体と不純物半導体では、価電子の存在できる上限エネルギー（フェルミレベル）の位置が違ってくる。フェルミレベルを自由に設定できるという半導体の特性こそが、半導体応用の最も重要なポイントなのだ。

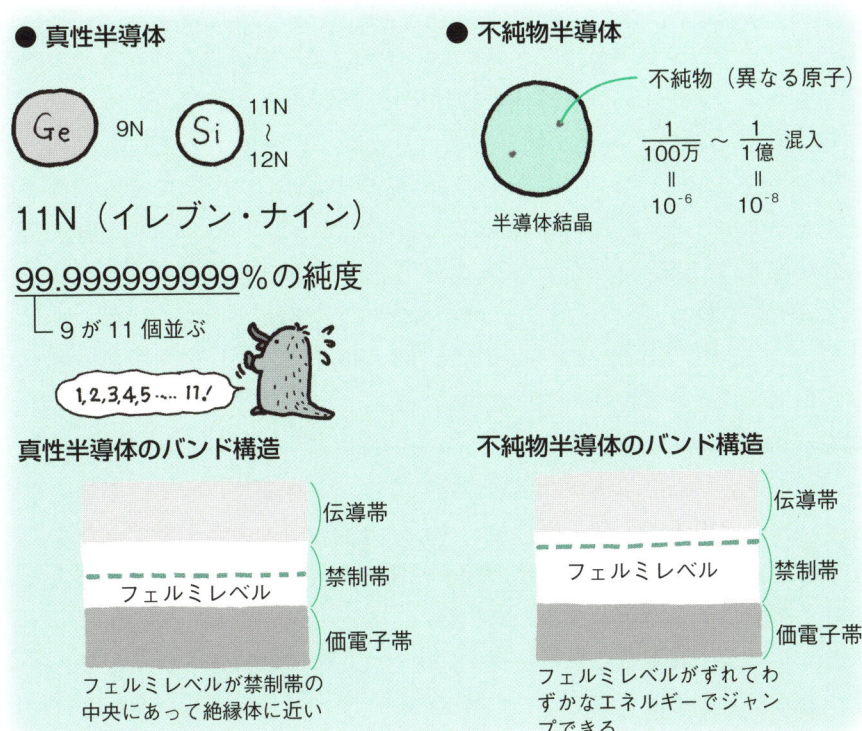

図 1-8b　半導体材料と不純物材料

半導体材料	n形不純物材料	p形不純物材料
シリコン(Si)	リン(P)、ヒ素(As)アンチモン(Sb)	ボロン(B)、アルミニウム(Al)ガリウム(Ga)
ゲルマニウム(Ge)	リン(P)、ヒ素(As)アンチモン(Sb)	ボロン(B)、アルミニウム(Al)ガリウム(Ga)
ガリウムヒ素(GaAs)	シリコン(Si)、イオウ(S)炭素(C)	亜鉛(Zn)、マグネシウム(Mg)ベリリウム(Be)

n形とp形の違いについては30ページ参照

1-9 電気を運ぶキャリア（「電子」と「正孔」）

　では、半導体結晶中を電気が流れる基本的メカニズムはどうなっているのでしょうか。まず、真性半導体の場合を見てみます。

　図1-9aは、真性半導体が絶対零度（0K＝セ氏マイナス273.15度）にある場合のエネルギーバンド図です。価電子帯の電子は、すべてそれぞれのエネルギー準位にあり、定められた席にじっとおとなしく座っている状態です。この状態では〝空席〟がないため、電子は自由に動き回れません。

　ところが、ひとたびバンドギャップ（図ではEg）を超えるだけのエネルギー（熱、光、電界など）が与えられると、図1-9bのように、価電子帯の最上部にある（つまりエネルギー準位が高い）電子から伝導帯へとジャンプを始めます。

　ジャンプした電子の抜けた跡は空席になり、大きなエネルギーを加えなくても、ほかの電子が入り込みます。すると今度はその入り込んできた電子の元の席が空席になり、またほかの電子に埋められます。このように価電子帯ではイス取りゲームが始まるのです。

　こうして、伝導帯では次々とジャンプした電子（伝導電子）が電子の流れをつくる一方、価電子帯では〝空席〟がバケツリレーのように順繰りに埋められて空席の流れを作ります。

　このように自由に動き出した電子と空席が、**キャリア**（carrier＝担体＝電荷の運び手）となって、結晶中に電流を流すのです。伝導帯にジャンプした伝導電子はそのまま**電子**（electron）と呼ばれマイナスの電荷を運び、価電子帯に生じた空席は**正孔**（ホール＝hole）と呼ばれプラスの電荷を運びます。電子の抜け穴にすぎない正孔がプラスの電荷を持つのは、（原子核中のプラス陽子と釣り合って）電気的に中性だった状態から、マイナスの電荷を持つ電子が飛び出して、原子がプラスイオンとなったためです。

　ここで、単位体積あたりの伝導電子の数と正孔の数を比べてみると、真性半導体では両者が一致します。ジャンプした電子の数と抜け穴の数が同じだから当然です。しかし、不純物半導体ではそうはなりません。

図 1-9a　外からエネルギーが与えられない状態の真性半導体のようす
価電子帯の電子はすべて所定のエネルギー準位に収まっているため電子は自由には動けない。

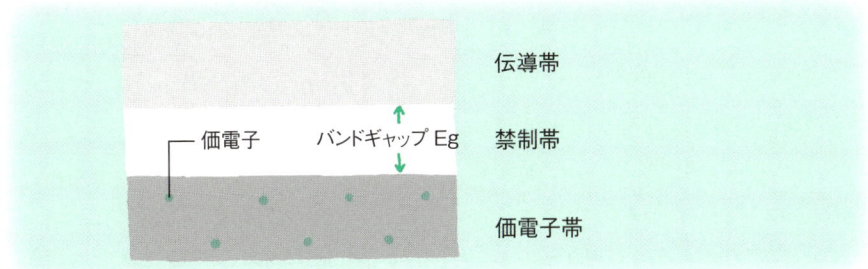

図 1-9b　真性半導体の電気伝導のようす
バンドギャップ以上のエネルギーが加わると、価電子帯の最上部の電子が伝導帯に飛び出し、跡には抜け穴である正孔が残る。この抜け出た電子と残された正孔が電荷の運び手となる。

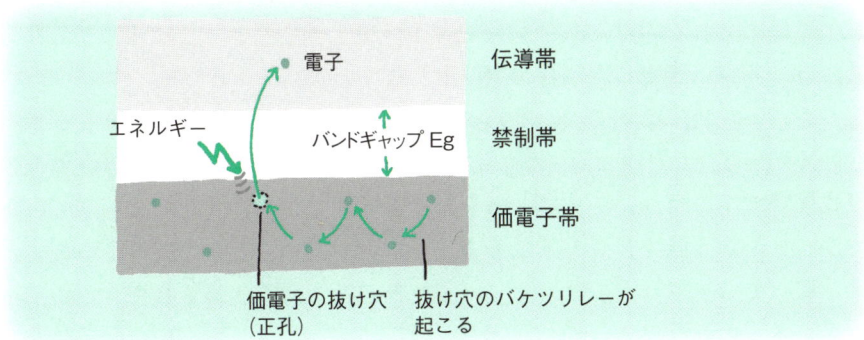

図 1-9c　正孔（電子の抜けた穴）がプラスの電荷を持つ理由
原子核中のプラス陽子と釣り合って中性だった状態から電子が抜けたために、ただの抜け穴にすぎない正孔がプラスの電荷を持つことになる。

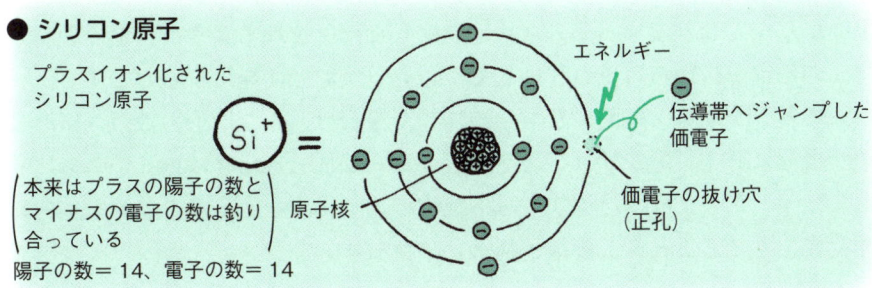

1-⑩ 不純物半導体と価電子制御

　不純物半導体のキャリアについては、半導体結晶の結合のようすをイメージできれば容易に理解が進みます。

　図1-10aは、シリコンが結晶中で互いにどうつながっているかを示した模式図です。それぞれ8個の電子で結びついているのがわかりますが、シリコンは本来最外殻に4つの価電子しか持たない4価の原子です。しかし、隣り合う原子と互いに1つずつ価電子を出し合い、1対のものとして共有することで、それぞれ8個の電子で結びついているような結合を実現しているのです。このように複数の原子間で電子を共有しあって結びつく結合の仕方を**共有結合**（コーバレント ボンド covalent bond）といいます。シリコンの場合、最外殻に8つまで電子を埋められるので、あたかも空席4つがすべて埋まった状態になる共有結合は、非常に安定した結合を生み出します。

　一方、不純物半導体では、どのように原子が結合しているのでしょうか。

　図1-10bは、シリコン（4価）に5価のリン（P）原子を添加した場合の模式図です。やはり、シリコン同士のときと同じように共有結合をしていますが、リンが5価で5つの価電子を持っているため、どうしても1つ電子が余ってしまいます。電子は余ると原子核との結合力を弱めてしまうため、小さなエネルギーを与えられただけで伝導帯にジャンプして、伝導電子になってしまいます。

　逆に、3価の原子、たとえばボロン（B：ホウ素）を添加した場合には、図1-10cのように、今度はボロン原子が3価のため共有結合に必要な電子が1つ足りなくなります。そのため、欠落した部分を埋めようと、近くのシリコンの価電子帯から電子が移動して、正孔（空席）が発生するのです。

　つまり、シリコン結晶にリンを添加した場合は、リン原子の数だけ伝導電子が余分に発生し、シリコン結晶にボロンを添加した場合は正孔が余分に発生します。このように、添加する不純物の量や種類を変えることで電気的特性を変化させることを、**価電子制御**と呼びます。

図 1-10a　シリコン原子が共有結合した結晶のイメージ

最外殻に 4 つの価電子を持つシリコンは、隣り合う原子と価電子を 1 つずつ出しあって最外殻に 8 つの電子を埋めて安定した結合を行う。

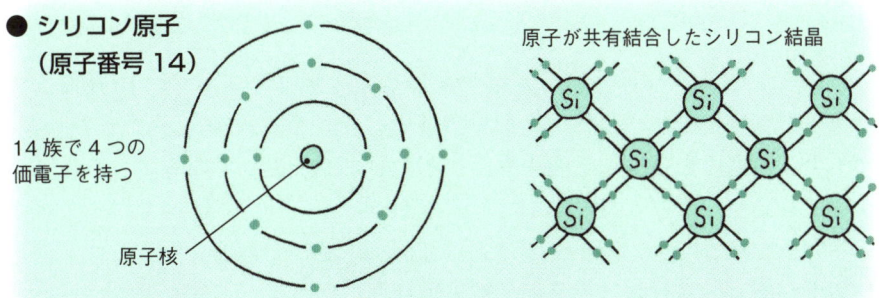

図 1-10b　シリコン原子にリン原子を添加したときの共有結合イメージ

リン原子は最外殻に 5 つの価電子を持つため、隣り合うシリコン原子と共有結合すると電子が 1 つ余ってしまう。

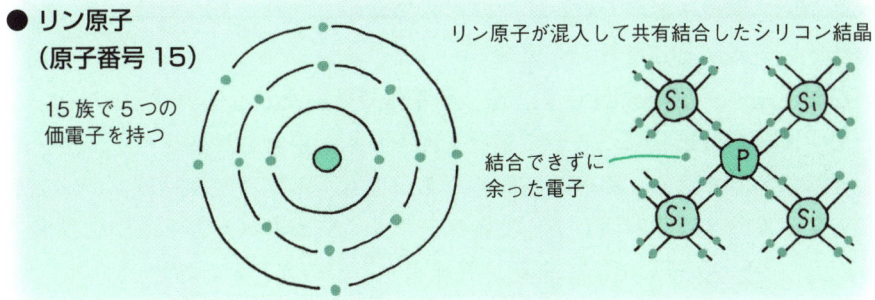

図 1-10c　シリコン原子にボロン原子を添加したときの共有結合イメージ

ボロン原子は最外殻に 3 つの価電子を持つため、隣り合うシリコン原子と共有結合すると電子が 1 つ足りなくて穴ができてしまう。

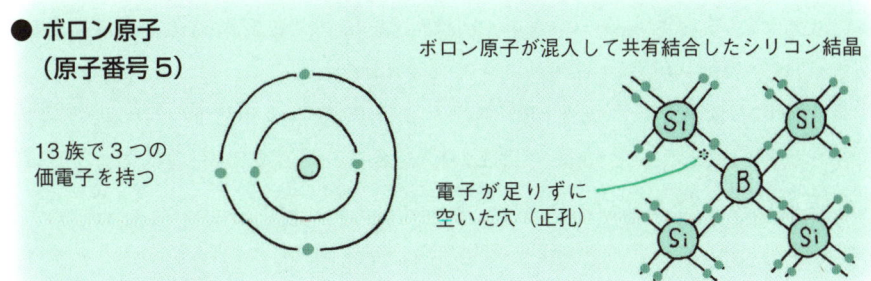

1-11 n形半導体とp形半導体

　シリコン（4価）にリン（5価）を添加した場合のように、伝導電子が発生しやすい不純物半導体を**n形半導体**といいます。nはnegativeのnで、マイナスの電荷を持つ電子を生み出す不純物が添加されていることから、こう呼ばれます。

　一方、シリコン（4価）にボロン（3価）を添加した場合のように、正孔が発生しやすい不純物半導体を**p形半導体**といいます。pはpositiveのpで、プラスの電荷を持つ正孔を生み出す不純物が添加されていることから、こう呼ばれます。

　キャリア（伝導電子および正孔）の数に着目すれば、伝導電子が正孔に比べて多い半導体をn型半導体、正孔が伝導電子に比べて多い半導体をp型半導体、と定義することもできます。

　なお、前ページの説明では、n形半導体ではあたかも伝導電子ばかりが、p形半導体では正孔ばかりができそうに思われたかもしれませんが、決してそうではありません。不純物半導体であっても、不純物のドーピングにかかわらず、真性半導体と同じように価電子帯から伝導帯へとジャンプする電子（そして、その抜け穴である正孔）もわずかながら存在するのです。

　したがって、不純物半導体では、真性半導体のように電子と正孔のキャリアの数が同じにはなりません。そして数の多いほうのキャリアを**多数キャリア**（majority carrier）、少ないほうを**少数キャリア**（minority carrier）と呼びます（通常は単位体積あたりの数＝キャリア密度で比較する）。n形半導体では電子が多数キャリアで正孔が少数キャリア、p形半導体では正孔が多数キャリアで電子が少数キャリアとなるわけです。

　ちなみに、25ページの図1-8bで示した不純物半導体に使われる材料は、3価～6価（長周期表の表記では13族～16族）のものが一般的です。参考までに長周期表の一部を掲載しておきます。

図 1-11a　n 形半導体と p 形半導体

不純物原子の種類によって電荷の運び手が電子になるか正孔になるのかが決まる。多数キャリアが電子のものを n 形、正孔のものを p 形と呼んで区別する。

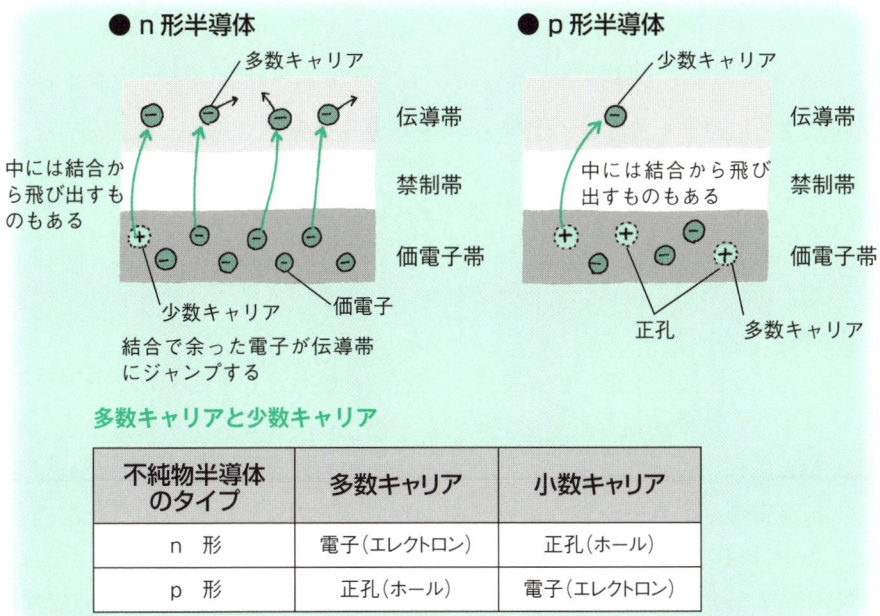

多数キャリアと少数キャリア

不純物半導体のタイプ	多数キャリア	小数キャリア
n 形	電子（エレクトロン）	正孔（ホール）
p 形	正孔（ホール）	電子（エレクトロン）

図 1-11b　シリコン（Si）とゲルマニウム（Ge）に対する不純物材料

図 1-8b のシリコンとゲルマニウムに対する n 形不純物材料（○囲みの色文字部）は Ⅴ 族に、p 形不純物材料（囲みなしの色文字部）は Ⅲ 族に属すことが見て取れる。なお長周期表の周期は電子殻の数を、族（1 ～ 18）は原子価殻において配置が同一な原子。

族 周期	1 Ⅰ	2 Ⅱ	3	4	5	6	7	8	9	10	11	12	13 Ⅲ	14 Ⅳ	15 Ⅴ	16 Ⅵ	17 Ⅶ	18 8価
1	H																	He
2	Li	Be											B	C	N	O	F	Ne
3	Na	Mg											Al	Si	P	S	Cl	Ar
4	K	Ca	Sc	Ti	V	Cr	Mn	Fe	Co	Ni	Cu	Zn	Ga	Ge	As	Se	Br	Kr
5	Rb	Sr	Y	Zr	Nb	Mo	Tc	Ru	Rh	Pd	Ag	Cd	In	Sn	Sb	Te	I	Xe
6	Cs	Ba	*	Hf	Ta	W	Re	Os	Ir	Pt	Au	Hg	Tl	Pb	Bi	Po	At	Rn
7	Fr	Ra	**	Rf	Db	Sg	Bh	Hs	Mt	Ds	Rg	...						
*ランタノイド			La	Ce	Pr	Nd	Pm	Sm	Eu	Gd	Tb	Dy	Ho	Er	Tm	Yb	Lu	
**アクチノイド			Ac	Th	Pa	U	Np	Pu	Am	Cm	Bk	Cf	Es	Fm	Md	No	Lr	

1-12 n形半導体と電荷伝導のしくみ

　n形半導体とp形半導体でキャリアが発生するメカニズムをバンド図で見てみます。まず、n形半導体から見てみましょう。

　図1-12aは、シリコン（4価）にリン（5価）を添加したn形半導体の図です。このように、n形半導体では不純物原子が伝導電子を供給するため、n形半導体の不純物は**ドナー**（donor＝提供する者）と呼ばれます。また、マイナスの電荷を持つ電子を供給したためプラスに帯電（＝イオン化）したドナー（図の例ではリン原子）を、**ドナーイオン**と呼びます。

　図1-12bは、価電子帯、伝導帯と、共有結合からはじき出されたリン電子のエネルギー準位関係を、バンド図で示したものです。**ドナー準位**とあるのは、共有結合からはじき出されたリン電子のエネルギー準位を示したものです。伝導帯の底よりやや低い位置に描かれているのは、はじき出されただけで、まだリンの原子核と**クーロン力**（電荷間に働く引力・斥力：この場合、引力）によって結び付けられているため、伝導帯には達していないからです。

　しかし、禁制帯のエネルギーが約1eV（**電子ボルト**＝電位差1ボルトの2点間を動いた電子の得る運動エネルギーを1eVとする）なのに対し、伝導帯の底とドナー準位の間のエネルギーは数十meV（mはミリ：10^{-3}）しかないため、常温程度の熱エネルギー（およそ26meV）でも伝導帯にジャンプすることができます。そうなれば、リン原子はプラスにイオン化されるので、このとき働くエネルギーを**イオン化エネルギー**とも呼びます（シリコン中のリン不純物準位のイオン化エネルギーは44meVです）。

　図1-12cは、n形半導体における多数キャリアと少数キャリアの関係をバンド図で表したものです。ドナー準位からジャンプした電子が伝導帯にたくさんたまる一方、価電子帯からジャンプする電子もわずかながら存在するため、正孔もわずかながら発生していることがわかります。n形半導体は伝導帯と電子が主役となる不純物半導体なのです。

 常温程度の熱エネルギー：熱エネルギーは、$k_B T$で与えられます（k_B: ボルツマン定数、T: 温度）。E（300K）＝$1.38 \times 10^{-23} \times 300$ [J]、300 [K] ＝ 26 [meV] となります。

図 1-12a　n形半導体の不純物は電子を手放してドナーイオンとなる

n形半導体では、不純物原子が伝導電子を供給するので、不純物はドナー（供給者）と呼ばれる。

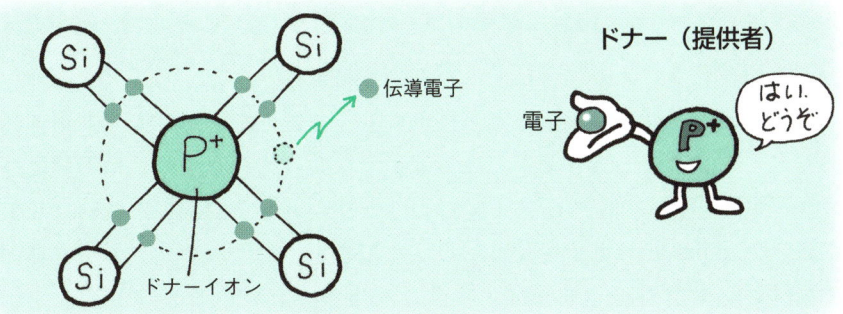

図 1-12b　n形半導体のバンド図イメージ

共有結合ではじき出されたドナーの電子エネルギーは伝導帯の底より少し下のドナー準位に存在するため、常温程度の熱エネルギーでも伝導帯にジャンプする。

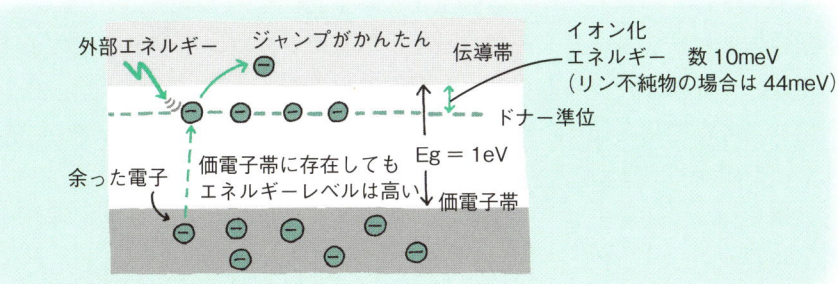

図 1-12c　n形半導体の少数キャリア

価電子帯から伝導帯に直接ジャンプする電子もわずかにあるため。n形半導体でも、価電子帯にわずかに正孔が存在する。電子を多数キャリアとすれば、正孔は少数キャリアだ。

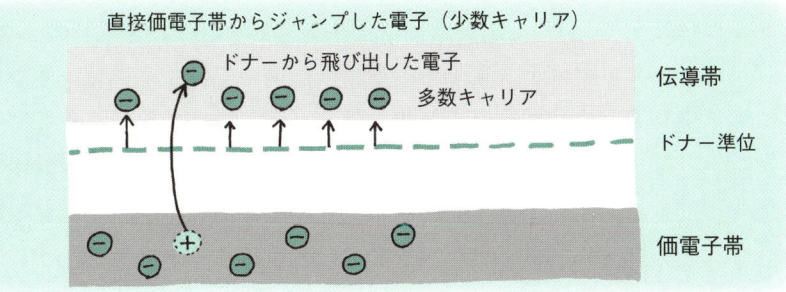

1-13 p形半導体と電荷伝導のしくみ

では、p形半導体の場合はどうなるのでしょうか。

図1-13aは、シリコン（4価）にボロン（3価）を添加したp形半導体の図です。このように、p形半導体では完全な共有結合をするには不純物原子の電子が足りない（空席がある）ため、シリコン原子同士で共有結合している部分から不足分の電子を受け取ろうとします。そのため、p形半導体の不純物は**アクセプター**（acceptor＝受け取る者）と呼ばれます。また、シリコンから電子を受け取ったアクセプター（図の場合はボロン原子）は、本来の姿より電子が多くなってマイナスに帯電（イオン化）するため、**アクセプターイオン**と呼ばれます。

p形半導体で主役となるのは価電子帯の正孔になります。というのも、p形半導体では、アクセプターに電子を供給したシリコンの価電子帯に正孔が発生し、そこにまたほかのシリコンが電子を供給する……といった正孔のバケツリレーが連綿と続くためです（実際には電子の移動が起こっているのですが、空席が移動するという考え方が採用されています）。

図1-13bは、価電子帯、伝導帯と、電子が1つ足りないため生じるボロンの〝正孔〟（正しくは正孔のように働くというべきですが）のエネルギー関係を、バンド図で示したものです。**アクセプター準位**とあるのは、ボロンの〝正孔〟がシリコンの電子を受け取るために求めらるエネルギー準位を示します。価電子帯の頂上よりやや高いところにあるのは、n形半導体と同じく、数十meVのイオン化エネルギーをもらえば、価電子帯の電子がアクセプター準位にジャンプし、価電子帯に正孔が発生することを示しています（逆に、アクセプター準位を価電子帯のやや下に描いて、イオン化エネルギーによって、ボロンの正孔が価電子帯頂上にジャンプすると説明することも可能です）。シリコン中のボロン不純物準位のイオン化エネルギーは45meVです。

図1-13cは、p形半導体における多数キャリアと少数キャリアの関係を示したもの。やはり、価電子帯から伝導帯にジャンプする電子もわずかながら存在します。

図 1-13a　p形半導体の不純物は電子を補ってアクセプターイオンになる

p形半導体では、不純物原子が電子をほかから補おうとするので、不純物はアクセプター（受け取る者）と呼ばれる。

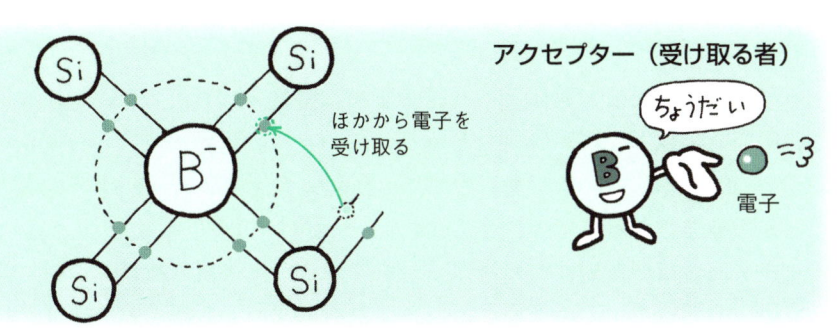

図 1-13b　p形半導体のバンド図イメージ

アクセプターの正孔は価電子帯の頂上より少し上のアクセプター準位に存在するため、少しのエネルギーでも価電子帯の電子がアクセプター準位にジャンプして、価電子帯に正孔が発生する。

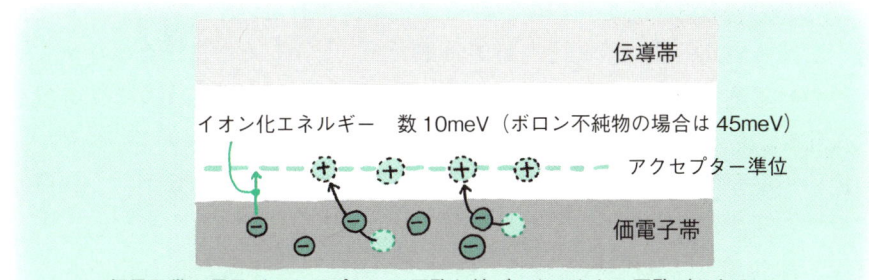

イオン化エネルギー　数10meV（ボロン不純物の場合は45meV）

価電子帯の電子がアクセプターの正孔と結びつき、あとに正孔ができる

図 1-13c　p形半導体の少数キャリア

価電子帯から伝導帯に直接ジャンプする電子もわずかにあるため。p形半導体でも、伝導帯にわずかに電子が存在する。正孔を多数キャリアとすれば、電子は少数キャリアだ。

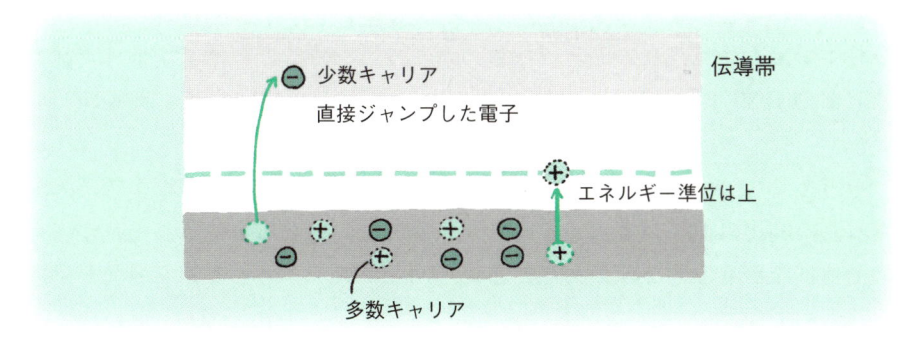

1-14 n形、p形の名付け親はベル電話研究所

　n形半導体、p形半導体という言葉を最初に使い始めたのは、米国のベル電話研究所（以下、ベル研）だといわれています。世界戦争の時代であった1930～40年代、マイクロ波と呼ばれる極超短波を用いたレーダー開発が国ぐるみで推進される中でのことでした。

　レーダーとは、電磁波のパルス信号をターゲットの飛行機にぶつけ、反射して戻ってくるまでの時間を計ることで飛行機までの距離を割り出す装置ですが、戻ってくるマイクロ波は極めて微弱に減衰しているため、外来電波の中から目的の信号のみを抽出するための検波器には、高性能のものが要求されます。

　それまでにも真空管を用いた検波器は実用化されていましたし、ベル研自身、真空管の高性能化研究は進めていました。しかし真空管は金属を熱して放出させる熱電子を利用するという特性上、電力の消費量が大きく、装置も大型化し、耐久性に欠けるという欠点がありました。そのため、熱源不要で、装置の小型化がたやすく、耐久性の面でも優れている鉱石（半導体）検波器に対する期待が高まるのですが、当時、検波器として実用化されていた半導体は、酸化銅（Cu_2O）や硫化鉛（PbS：方鉛鉱）といった化合物を含む天然の鉱石が主で、性能が安定せず、軍事目的に使用できるレベルではありませんでした。

　こういった事情から、ベル研では、実用的な半導体材料を見つける研究が進められることになります。候補となった元素や化合物は100種にものぼり、その中で最も注目されることになるのがシリコンでした。第2次世界大戦開戦直前の1939年8月には、部分的とはいえ、結晶の高純度化にも成功しています。

　そうやって得られたシリコン試料で電気的特性を調べているうちに、混ざった不純物の種類によって、電子が伝導の主体となるものと、正孔が伝導の主体になるものの2種類あることが判明し、n形、p形という名前が付けられるのです。

図 1-14a　半導体は軍事用途で研究された

電子デバイスとして花形だった真空管には、避けられない欠点があった。

・大電力食い
・発熱
・耐久性✗
・小型化✗

図 1-14b　近年利用されている半導体材料

半導体には、1種類の元素からなる単元素半導体と複数の元素からなる化合物半導体がある。

単元素半導体	化合物半導体			
IV族	II-VI族	III-V族	IV-IV族	I-III-VI族
Si	ZnS	AlAs	SiC	CuGaS$_2$
Ge	ZnSe	GaAs	SiGe	CuInS$_2$
C	ZnTe	GaP		CuInSe$_2$
	ZnO	GaN		
	CdTe	GaSb		
	CdS	InP		
		InSb		

II+VI
III+V
IV+IV
(I+III)／2+VI

足すと8になる

色で示したものは半導体ウエハー(118ページ参照)の代表的材料。これ以外にも酸化物半導体もある。

1-15 どうしてシリコンが半導体材料に選ばれたのか

　ここまでの説明では、半導体にはシリコンを材料とした例で説明してきました。前述したように、半導体の材料にはさまざまなものがありますが、もっとも一般的に使われているのがシリコンを材料とした単元素半導体だからです。

　しかし単元素半導体の材料には、シリコンと同じく短周期表のⅣ族（最外殻の価電子が4個）に属する炭素やゲルマニウムもあるのに、どうしてシリコンが主流になったのでしょうか。年配の読者なら、シリコン半導体が主流になる前に、ゲルマニウム半導体の時代があったことを知っておられる方も多いはずです。1947年、ベル研のショックレーらによって発明されたトランジスターも、ゲルマニウムの単結晶を使用したものでした。

　単結晶というのは、原子が規則正しく並んでいる共有結合状態をいい、電子の伝導性を妨げるものがなく、半導体の特性設計を制御しやすいため、半導体はこの単結晶材料でつくられます。

　シリコンが半導体材料の主流になったいちばんの理由は、地球上に非常に多く存在する物質であり、高純度なシリコン単結晶を製造・加工しやすいためです。炭素も地球上には豊富にありますが、その単結晶であるダイヤモンドは、高純度なものを製造・加工しにくいという最大の弱点をもっています。

　なお、シリコン結晶には、単結晶シリコンのほか、多結晶（ポリ）シリコン、アモルファス（非結晶）シリコンの3つの固体状態が存在します。

　多結晶というのは、微小な単結晶の粒がばらばらな方向を向いて固体化したものです。そのため単結晶の粒の境（結晶粒界）で電子の流れが滞り、半導体としての特性が悪化します。

　アモルファスは、原子が無秩序に結合している状態です。身近なものにガラスがあります。半導体としての性能は劣りますが、薄膜にでき、可とう性（柔軟性）もあるため、フィルム状の半導体がつくれるメリットがあります。

　シリコンの単結晶、多結晶、アモルファスでの応用は、太陽光発電で利用されています（179ページ参照）。

図 1-15a　地球表面に存在する元素量

地殻の表面付近に大量に存在するシリコン（ケイ素：SiO_2）が半導体の材料に使用できたことが、エレクトロニクスにとっては幸運だったといえる。

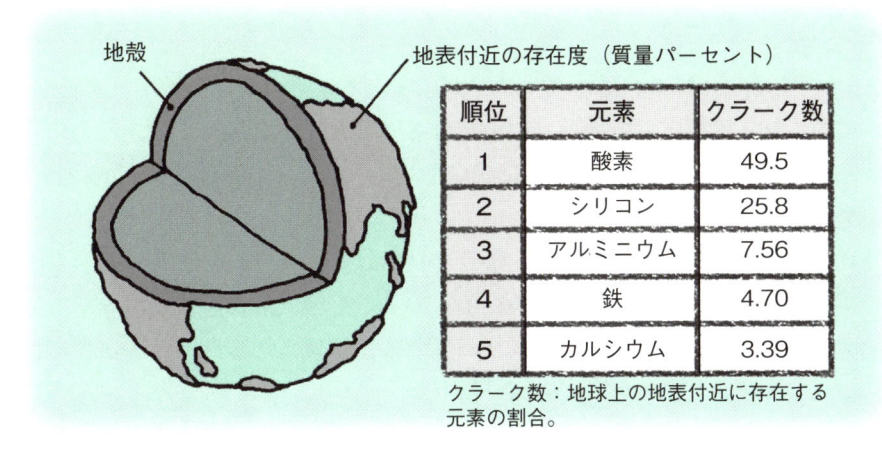

地表付近の存在度（質量パーセント）

順位	元素	クラーク数
1	酸素	49.5
2	シリコン	25.8
3	アルミニウム	7.56
4	鉄	4.70
5	カルシウム	3.39

クラーク数：地球上の地表付近に存在する元素の割合。

図 1-15b　半導体材料の時代遷移

製造加工が容易で無尽蔵にあるシリコンだが、回路の高性能化にともなって、次世代の半導体材料への期待は高い。

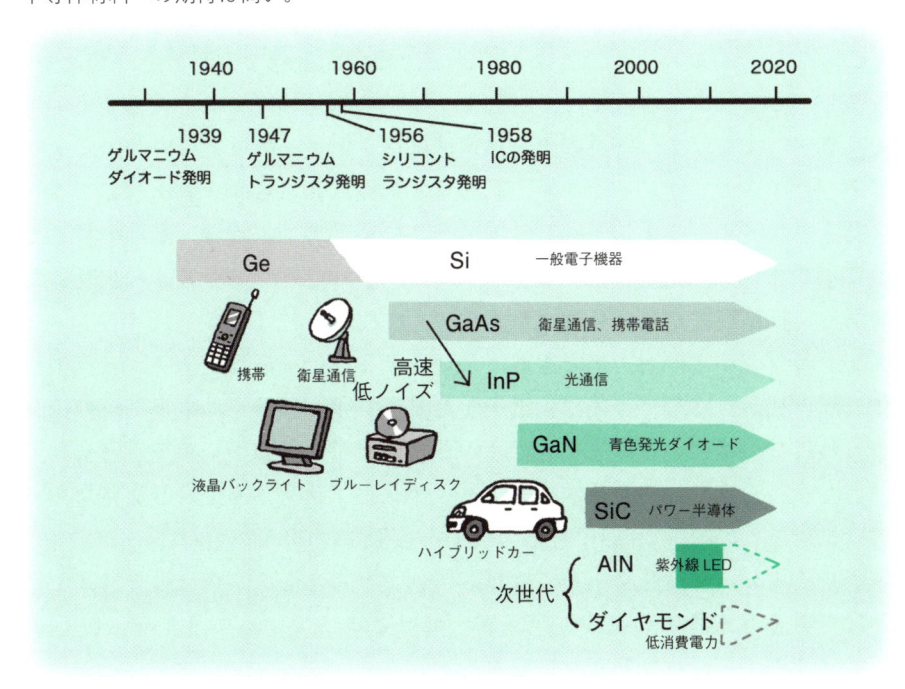

- 1939　ゲルマニウムダイオード発明
- 1947　ゲルマニウムトランジスタ発明
- 1956　シリコントランジスタ発明
- 1958　ICの発明

- Ge → Si　一般電子機器
- GaAs　衛星通信、携帯電話
- InP　光通信（高速低ノイズ）
- GaN　青色発光ダイオード
- SiC　パワー半導体
- AlN　紫外線LED（次世代）
- ダイヤモンド　低消費電力（次世代）

用途例：携帯、衛星通信、液晶バックライト、ブルーレイディスク、ハイブリッドカー

1・半導体とは何か

1-⑯ pn接合における キャリアの動き

　n形半導体、p形半導体でキャリアが発生するメカニズムがわかりました。では、この2種類の不純物半導体を結合させるとどうなるのでしょうか。p形半導体とn形半導体を連続的に接合したものを、**pn接合**（p-n junction）と呼びます。

　図1-16aは、接合した後の、それぞれの多数キャリア（つまり、p形半導体中の正孔およびn形半導体中の電子）の動きを模式的に示したものです。

　p形の正孔はn形方向へと広がり、n形の電子はp形方向へと広がっていきます。これは、物質が濃度の高いほうから低いほうへと広がって、均一の濃度になろうとする拡散現象の一種が働くからです。タバコの煙が風もないのに吸っていない人のほうに広がる、あの気体の拡散現象と同じです。その結果、電子と正孔は、接合面近傍でプラス・マイナスを中和しあって消滅します。

　こうして、キャリアがほとんど消滅した接合面近傍を**空乏層**と呼びます。ただし、キャリアはなくなっても、キャリアの副産物である不純物イオンは残ります。すなわち、空乏層のp形領域には、電子を取り込んでマイナスに帯電したアクセプターイオンが、同じくn形領域には電子を放出してプラスに帯電したドナーイオンが残るので、そこに電気の力（電界）が発生することになります（ただしイオンは動かない）。そのため、空乏層は、**空間電荷層**あるいは**電荷二重層**とも呼ばれます。

　空乏層（空間電荷層）ができると多数キャリアの拡散は止まり、p形半導体には正孔が、n形半導体には電子がたまって**平衡状態**（エネルギーの授受が行われない状態）に達します。このときp形半導体の正孔が空乏層より先に進もうとしても、n形領域のドナーイオン（プラスイオン）と反発しあってはね返され、同様にn形半導体の電子もp形領域のアクセプターイオン（マイナスイオン）と反発しあってはね返され、どちらもこの空乏層を越えることはできません。このように空乏層が障壁となっているようすを、42ページではエネルギーバンド図で見てみます。

図 1-16a　pn 接合した半導体の多数キャリアの動き

相互の多数キャリアが濃度の高いほうから低いほうへと拡散して、接合面近傍で中和して消滅する。

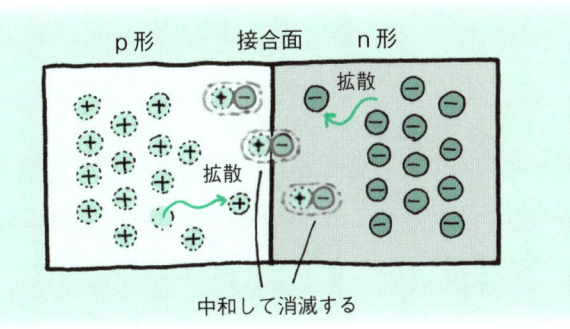

図 1-16b　キャリアが拡散した結果

キャリアが中和すると、接合面近傍に空乏層が生じて、n 形半導体側にはプラスに帯電したドナーイオンが、p 形半導体側にはマイナスに帯電したアクセプターイオンが残る。

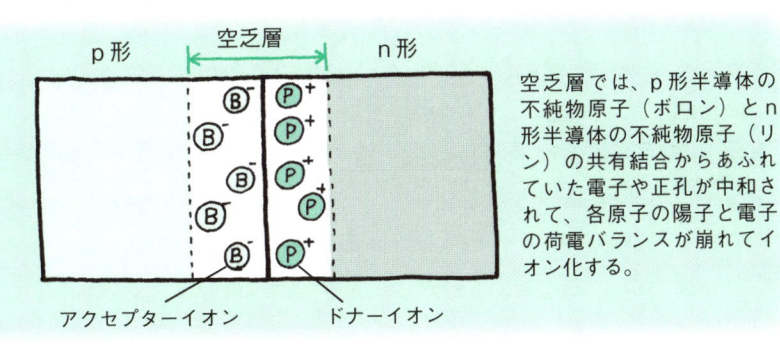

空乏層では、p 形半導体の不純物原子（ボロン）と n 形半導体の不純物原子（リン）の共有結合からあふれていた電子や正孔が中和されて、各原子の陽子と電子の荷電バランスが崩れてイオン化する。

図 1-16c　pn 接合した半導体の平衡状態

空乏層に生じたイオンに反発されて空乏層に入れないキャリアがそれぞれの領域にたまって平衡状態となる。

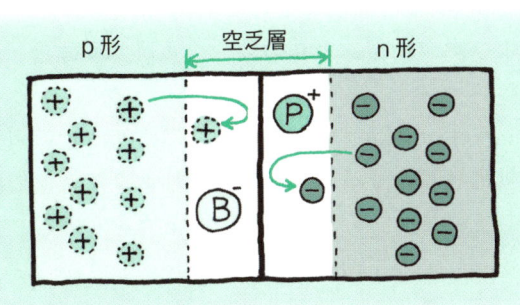

1-17 pn接合の平衡状態をエネルギーバンド図で見ると

　図1-17aは、平衡状態にあるpn接合のエネルギーバンド図です。Ecとあるのは伝導帯下端（伝導帯内で最も低いエネルギーレベル）を、Evとあるのは価電子帯上端（価電子帯内で最も高いエネルギーレベル）を指しています。以下、Ecpはp形半導体の伝導帯下端を、Ecnはn形半導体の伝導帯下端を、Evpはp形半導体の価電子帯上端を、Evnはn形半導体の価電子帯上端を指します。

　この図で最も目につくのは、伝導帯下端Ec（同様に価電子帯上端Ev）のエネルギーレベルが空乏層で二次関数的に変化し、p形半導体よりもn形半導体のほうが低いエネルギー状態になっていることです。これは、空乏層に電界（電気の力）が発生することで生じる現象です。このエネルギー差を**拡散電位**（あるいは**内蔵電位**）と呼び、通常、V_Dと表記します。

　この状態では、Ecp以上のエネルギーレベルにあるn形半導体の伝導電子のみがp形半導体の伝導帯に拡散できることがわかります（図1-17b）。したがって、n形半導体の伝導電子で、たとえEcnより上のエネルギーレベルにある（運動エネルギーを持っている）電子であっても、Ecpレベルより下にある電子は、空乏層まで移動しても押し戻されることになります。この電位の壁を**電位障壁**と呼びます。

　一方、p形半導体の伝導電子を見ると、こちらは少数キャリアながらすべてEcnレベルより高いエネルギーレベルにあるので、n形半導体の伝導帯に自由に拡散できます。そのため、結果としてEcp以上のエネルギーレベルでは、伝導電子の密度（単位体積あたりの数）がp形半導体とn形半導体でほぼ同一になるのです。

　このとき、p形からn形へ、n形からp形へ流れる電流は、拡散現象によって生じるものなので、**拡散電流**と呼ばれます。いずれも平衡状態では微々たるものですが、釣り合っています。それに対して、電界をかけることで生じる電流は、電界によるキャリアの移動をドリフトと呼ぶことから、**ドリフト電流**と呼ばれます（44ページ参照）。

図 1-17a　平衡状態の pn 接合のエネルギーバンド図

空乏層で伝導体下端と価電子帯上端のエネルギーレベルが二次関数的に変化して、p 形半導体より n 形半導体のほうが低いエネルギー状態になる。

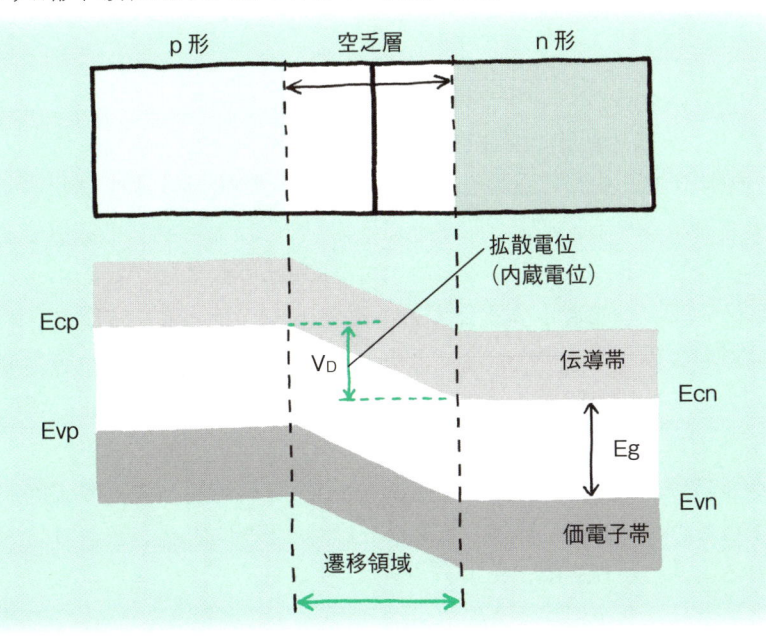

図 1-17b　pn 接合の拡散電流

p 形半導体の伝導帯下端のエネルギーレベルより高いレベルにある n 形半導体領域の伝導電子と p 形半導体領域の少数キャリアである伝導電子は拡散してその密度は均一になる。

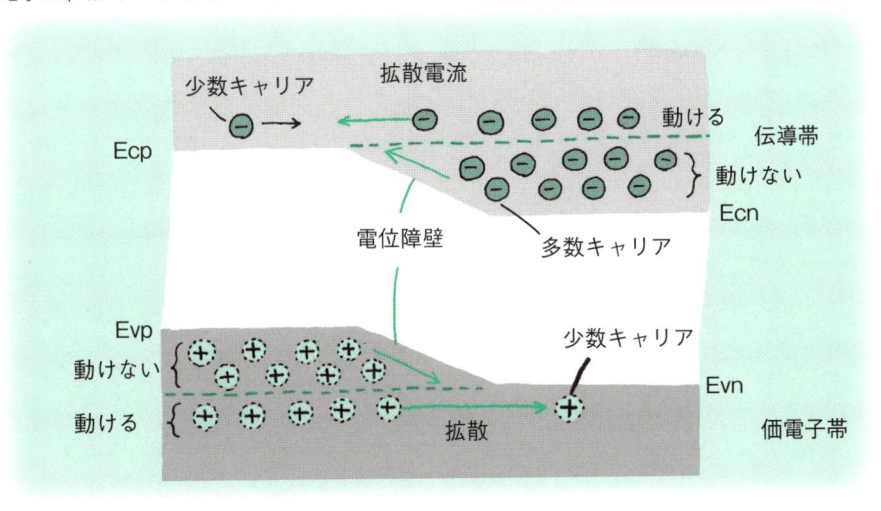

1-18 pn接合に電圧（バイアス）をかけると

今度は、pn接合に電圧をかけた場合を考えてみましょう。

図1-18aは、p形半導体に電池のプラス極を、n形半導体にマイナス極をつないで電圧をかけた場合のエネルギーバンド図です。平衡状態のバンド図と比べてみると、加えた電圧分だけ相対的にn形半導体の伝導帯下端E_{cn}のエネルギーレベルが上がるため、電位障壁が低くなっているのがわかります。そこで、p形半導体の伝導帯下端E_{cp}レベルの電子密度をp形とn形で比較してみると、平衡状態では均一になったのに、今度はn形半導体のほうが大きくなっていることが見てとれます（同様に、両者の正孔密度をn形半導体の価電子帯上端E_{vn}レベルで比較すると、p形半導体のほうが大きくなっています）。このため、両端にかけられた電圧によってn型半導体の電子はp形へ、p形半導体の正孔はn形へと移動し、大きな**ドリフト電流**が流れるようになります。

このようにp形にプラス極を、n形にマイナス極をつなぐ電圧のかけ方を、**順方向バイアス**と呼びます。順方向バイアスの電圧を大きくすると、どんどん電位障壁は低くなるので、より多くのドリフト電流が流れるようになります。

図1-18bは、図1-18aとは逆に、p形半導体に電池のマイナス極を、n形半導体にプラス極をつないで電圧をかけた場合のバンド図です。今度は、加えた電圧分だけ相対的にp形半導体の伝導帯下端E_{cp}のエネルギーレベルが上がるため、電位障壁がさらに高くなっているのがわかります。このため、ほとんどドリフト電流は流れなくなります。わずかながら流れる電流は、p形からn形へと向かう電流です（電子に着目した場合）。ただし、少数キャリアなので量的にはわずかです。

このような電圧のかけ方を**逆方向バイアス**と呼びます。逆方向バイアスの場合、基本的には、逆方向の電圧をかけた途端にほぼ電流が流れなくなります。

つまり、pn接合では一方向にしか電流を流さないことがわかります。このように、電流を一方向にのみ流す電気的特性を**整流特性**と呼びます。

図 1-18a　pn接合に順方向バイアスをかけたときのエネルギーバンド図

順方向バイアスをかけると、n形半導体の伝導帯下端のエネルギーレベルが上がり電位障壁が低くなる。そのためn形半導体の伝導電子はp形領域にドリフトして流れる。

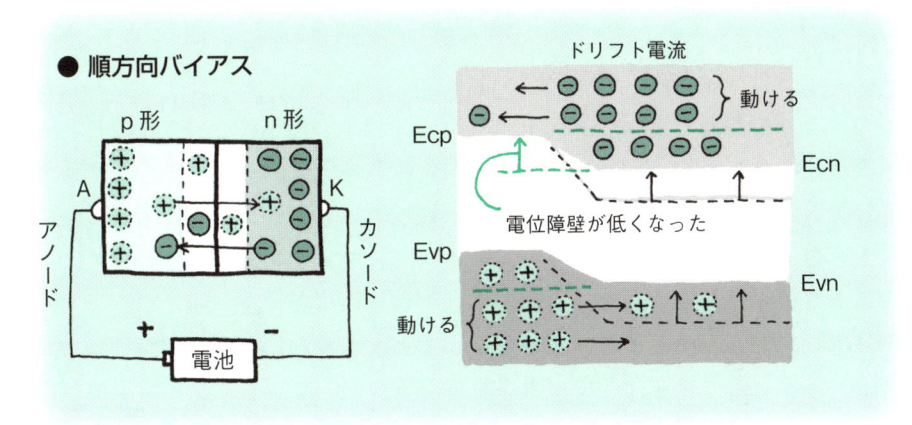

図 1-18b　pn接合に逆方向バイアスをかけたときのエネルギーバンド図

逆方向バイアスをかけると、p形半導体の伝導帯下端のエネルギーレベルが上がり電位障壁が高くなる。そのためドリフト電流はほとんど流れなくなる。

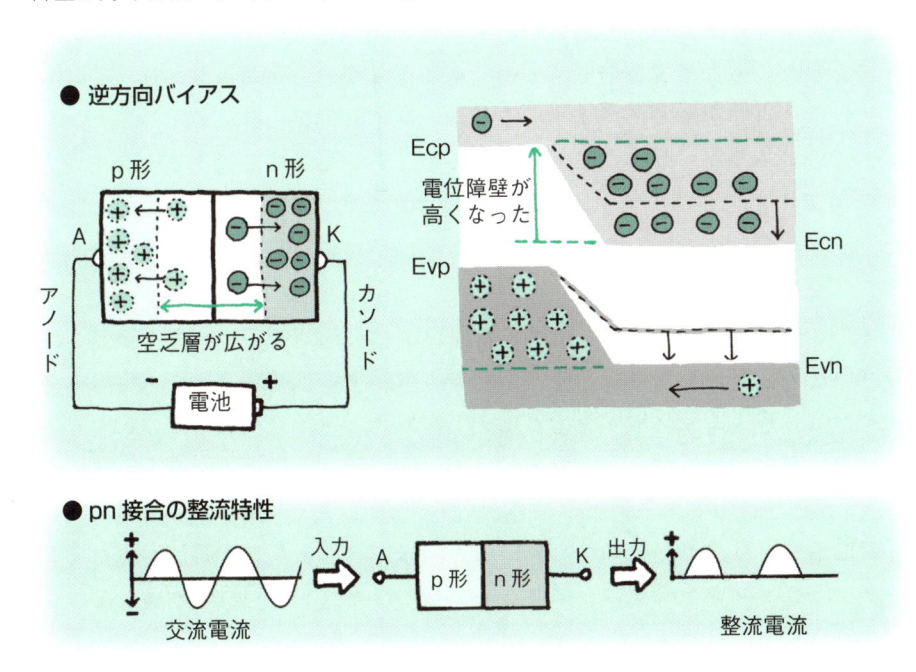

1-⑲ 逆方向バイアスと降伏現象

　図1-19aは、pn接合の電圧電流特性（ある電圧を加えたときに流れる電流の大きさを観測したグラフ）を示したものです。横軸にはp形半導体にかける電圧の大きさを、縦軸には空乏層内を流れる電流の大きさをとっています。ご覧のように、順方向バイアスでは電圧の大きさが大きくなると電流の大きさも増加するのに対し、逆方向バイアス（マイナス電圧）をかけると途端に電流が流れなくなっています。これが整流作用です。

　しかし、逆方向バイアスの大きさをうんと大きくしたとき、突然、順方向バイアスのときとは逆向きに大きな電流が流れ出しています。これを**降伏現象**と呼びます。降伏現象には、**ツェナー降伏**、**アバランシェ降伏**の2種類があります。ちなみに、ツェナーは現象発見者の名前（C.H.Zener 英）ですが、アバランシェ（avalanche）は英語で雪崩の意味です。

　図1-19bは、ツェナー降伏の原理を示したエネルギーバンド図です。これは、逆方向バイアスを強くかけた結果、電位障壁としてふるまう空乏層の幅が狭くなり、p形半導体の価電子帯にある電子が、n形半導体の伝導帯に通り抜けるようすを示しています。これは**トンネル効果**と呼ばれる現象で、障壁の先のエネルギーレベルに空席があって、トンネルする確率が高まったときに起こります。ツェナー降伏は、温度が高まると Eg（エネルギーバンドギャップ＝禁制帯の幅）が小さくなるため、さらに空乏層の幅が狭くなって起こりやすくなります。

　図1-19cは、アバランシェ降伏の原理を示した模式図です。こちらは、逆方向バイアスを強くかけた結果、空乏層p形領域の伝導帯電子が大きなエネルギーをもらって空乏層の原子と衝突し、原子の電子を電離させ、次々と電子-正孔対を発生させることで生じます（空乏層n形領域の正孔も同様の働きをします）。空乏層で発生した電子はn形領域に、正孔はp形領域に、電界の働きでドリフトしていくため、逆方向に大きなドリフト電流が流れるのです。アバランシェ降伏は、温度が高まるとキャリアの運動が邪魔して降伏が起きにくくなります。

図 1-19a　pn 接合の電圧電流特性

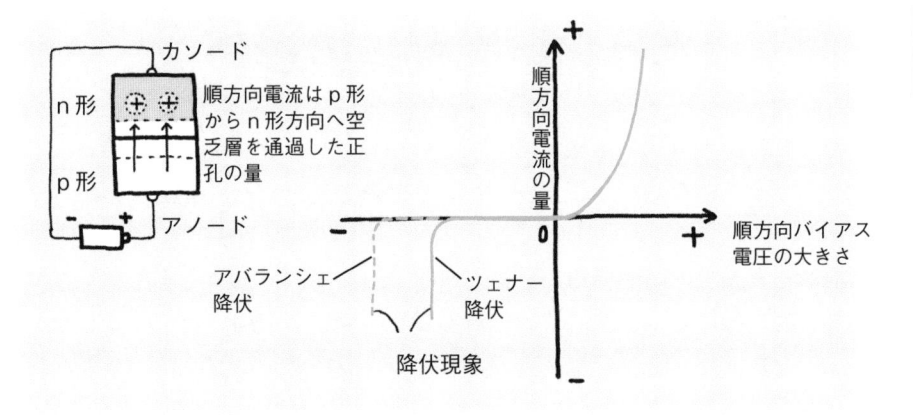

- カソード
- n 形
- p 形
- アノード
- 順方向電流は p 形から n 形方向へ空乏層を通過した正孔の量
- 順方向電流の量
- 順方向バイアス電圧の大きさ
- アバランシェ降伏
- ツェナー降伏
- 降伏現象

図 1-19b　ツェナー降伏のエネルギーバンド図

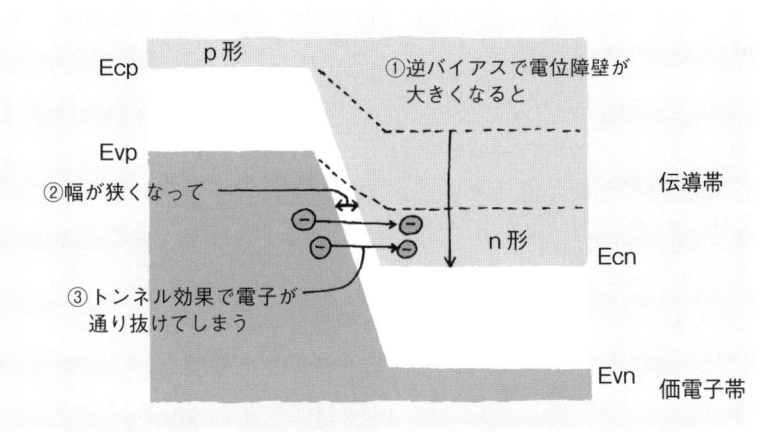

- p 形
- Ecp
- Evp
- ①逆バイアスで電位障壁が大きくなると
- ②幅が狭くなって
- ③トンネル効果で電子が通り抜けてしまう
- n 形
- Ecn
- Evn
- 伝導帯
- 価電子帯

図 1-19c　アバランシェ降伏が起こるしくみ

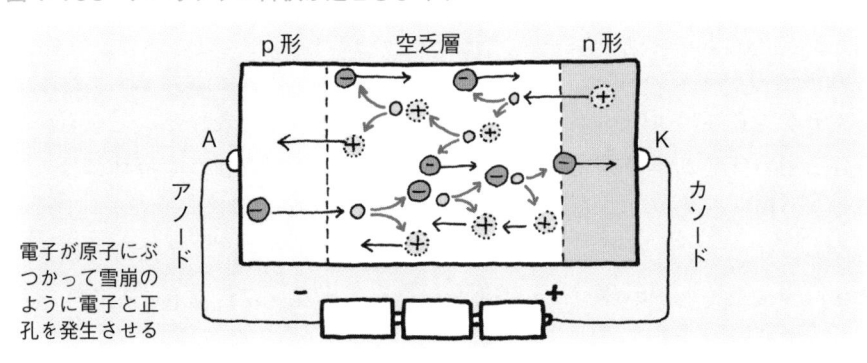

- p 形
- 空乏層
- n 形
- A　アノード
- K　カソード
- 電子が原子にぶつかって雪崩のように電子と正孔を発生させる

1 ⑳ 光る半導体と光らない半導体の違い

　シリコンは半導体の王様ですが、光を発光させるデバイスには使われていません。それはなぜでしょうか。バンド構造を見ればその理由がわかってきます。

　前ページまでの説明で用いたエネルギーバンド図は、エネルギーレベルを高さ（縦）軸にして、結晶での位置関係を横軸にして描いたものでした。少し見方を変えて、それを電子のふるまいが波動関数 Ψ（プサイ）で表されるという量子論の基本に基づいて、横軸を波数ベクトル k（電子の波長の逆数）に変えて描いてみると、結晶中では原子との相互作用などにより、結晶の方位によって k を変数とした複雑なエネルギーバンドを表す曲線になります。

　このとき、同じ波数 k（とくに $k=0$ のところ）で伝導帯の谷の部分が価電子帯の山の部分のちょうど真上になる構造の半導体を**直接遷移型**といいます。一方、谷と山の部分がずれて、異なる波数 k のところにあるような場合を**間接遷移型**の半導体といいます。どちらも伝導帯に電子があるとそれが谷の部分にたまり、そしてさらにエネルギーの低い価電子帯の正孔の位置に落ち込み、そのときにバンドギャップエネルギーに相当する光を放出します。これを**遷移**あるいは電子と正孔の**再結合**といいます。

　このとき直接遷移型のバンド構造を持つ半導体は効率よく遷移して光を放出します。しかし、間接遷移型バンド構造では、光を放出するための状態にもってくるのに、谷からいったん山の真上まで移る余分な遷移が必要となるので、発光を生じる確率が小さくなります。

　直接遷移型半導体は、ガリウムヒ素（GaAs）を代表としたⅢ-Ⅴ族半導体やセレン化亜鉛（ZnSe）のⅡ-Ⅵ族半導体で多く見られます。これらの半導体を用いて高効率な発光が得られます。一方、間接遷移型半導体には、シリコン（Si）やゲルマニウム（Ge）があります。Ⅲ-Ⅴ族半導体でもアルミニウムリン（AlP）やガリウムリン（GaP）は間接遷移型半導体に分類されます。間接遷移型半導体では、室温ではほとんど発光が得られません。これが、シリコンが光りにくいといわれる理由です。

図 1-20a 直接遷移型と間接遷移型の発光原理

● **直接遷移型半導体**

伝導帯の谷と価電子帯の山が $k=0$ の位置で一致している

発光

電子が価電子帯の正孔の場所に落ち込むときに発光する

● **間接遷移型半導体**

伝導帯の谷と価電子帯の山がずれている

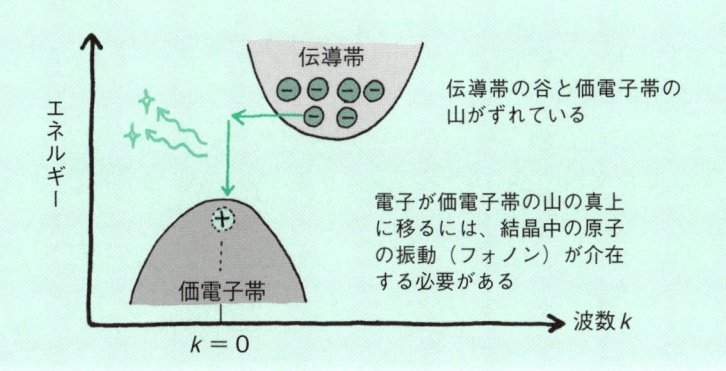

電子が価電子帯の山の真上に移るには、結晶中の原子の振動（フォノン）が介在する必要がある

図 1-20b 直接遷移型半導体と間接遷移型半導体の例

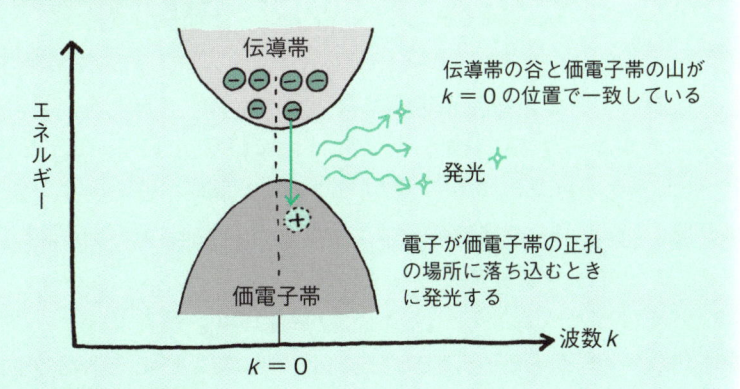

直接遷移型半導体はⅢ-Ⅴ族やⅡ-Ⅵ族の半導体に多く見られる。

直接遷移型	間接遷移型
GaAs	Si
InAs	Ge
InP	GaP
ZnS	AlP
ZnSe	

1-21 半導体の発光波長はどのように決まるのか

　直接遷移型半導体が発光する波長 λ［μm：10^{-6} メートル］は、バンドギャップのエネルギーを Eg［eV］とすれば、ほぼ $\lambda = 1.24 \div$ Eg で表されます。eV はエレクトロンボルトと読み、電子のエネルギーを表すときに使われる単位です。したがって発光波長は半導体結晶材料の固有な性質として決まり、λ を**バンドギャップ波長**と呼んでいます。

　たとえばガリウムヒ素（GaAs）の場合には、バンドギャップエネルギーが 1.43eV ですから、先ほどの式に代入して、1.24 ÷ 1.43 から 0.867 μm（8,670Å）となり、人間の目では感じない赤外領域の発光に相当します。

図 1-21a　直接遷移型半導体の発光波長

直接遷移型半導体の発光波長（色）は結晶材料固有の性質として決まり、バンドギャップ波長と呼ばれる。

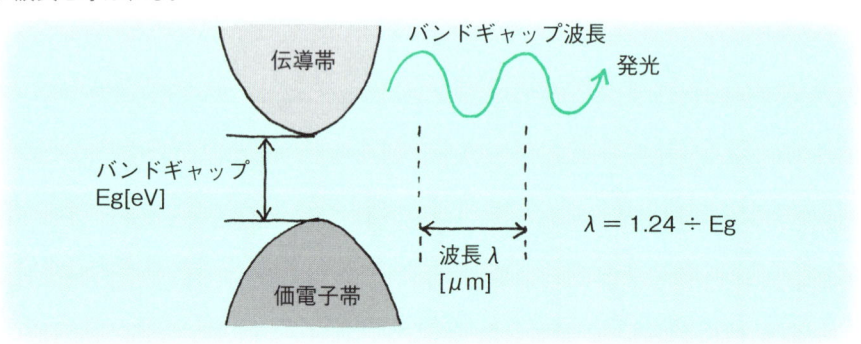

図 1-21b　発光半導体の代表的な材質と発光波長

半導体材料	バンドギャップエネルギーEg[eV]	発光波長λ[μm]
InSb	0.17	7.29
InAs	0.35	3.54
GaSb	0.74	1.68
InP	1.27	0.976
GaAs	1.43	0.867

❗ 半導体のバンドギャップや不純物準位はどうやって調べるのか

　半導体の光学的な性質を調べる代表的な方法として**フォトルミネッセンス法**があります。Photoluminescence を略して **PL法**などとも呼ばれています。フォトルミネッセンス法は、電極を付ける必要もなく、非破壊で半導体を評価できる非常に有効な方法です。半導体に照射する光源（励起光源）としては、バンドギャップより大きなエネルギーを持つレーザーを用います。とくにアルゴンレーザー（波長:514nm = 514 × 10^{-9}m）、ヘリウム・ネオンレーザー（同 633nm）などが用いられ、バンドギャップの大きな半導体ではヘリウム・カドミウムレーザー（同 325nm／442nm）などが用いられます。

　レーザー光は光のオン・オフを高速で切り替える制御回路を用いて、断続に変調され、試料に照射されます。試料から生じるフォトルミネッセンス光は分光器を通して光電子増倍管などの光検知器で検出され、オン・オフと同期した位相検波増幅器で記録されます。

　試料の温度を下げて測定する場合には、光学窓の付いたクライオスタット（低温を保持するための容器）に入れて測定します。

　試料から発したフォトルミネッセンス光が伝導帯からの発光であれば、半導体のバンドギャップの大きさを推定することができます。また、発光の温度の依存性を調べることでドーピングした不純物についての重要な情報を得ることができます。

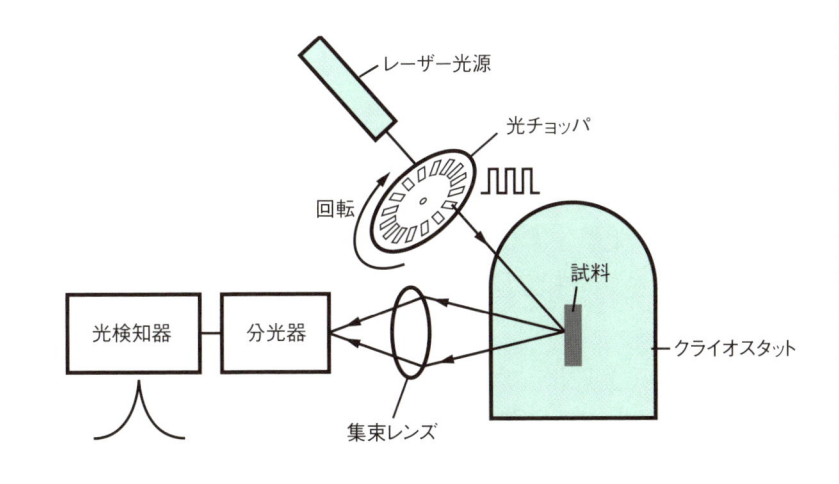

1-22 半導体の面白さは混晶にある

　異なる半導体を混ぜ合わせることによって、いろいろな波長の光を出す半導体材料を作り出すことができます。たとえば2種類の半導体を混ぜていくと、半導体がお互いに溶け合って**混晶**といわれる状態を作ります。金属などでは合金といいます。

　この混晶は、2種類の半導体の混ぜる割合を変えていくとほぼその割合に比例した半導体の性質を示します。これを**ベガード則**と呼びます。

　たとえば、混晶で一般的なⅢ-Ⅴ族半導体結晶は、閃亜鉛鉱型と呼ばれる正四面体の原子配列を持つ結晶構造（単位胞あるいは単位格子）を基本単位としてできています。この基本結晶構造の3辺の長さとその角度を**格子定数**（lattice constant：85ページ参照）と呼ますが、混晶時の混合比を変えることでこの格子定数を変えられるのです。また、格子定数がほとんど同じ半導体であるガリウムヒ素（GaAs）とアルミニウムヒ素（AlAs）を混ぜ合わせると、ガリウムヒ素結晶の一部のガリウムがアルミニウムに置き換わり、ガリウムアルミニウムヒ素（GaAlAs）と呼ばれる半導体になります。するとバンドギャップエネルギーは、ガリウムヒ素とアルミニウムヒ素の混ぜ合わされた比に相当して、ガリウムヒ素とアルミニウムヒ素の中間の値を取るようになります。このように2種類以上の半導体を混ぜ合わせて人為的にバンドギャップエネルギーと格子定数をコントロールすることを、**バンドギャップエンジニアリング**と呼んでいます。

　混晶によって生まれるこのような性質を用いることで、いろいろな波長（色）を発光させる半導体構造や、高速で電子を走らすことのできる構造などが作り出せるようになりました。

● 混晶

エビチャーハン ＋ カニチャーハン ＝ 海鮮チャーハン

図 1-22a 半導体の結晶構造と格子定数

代表的な半導体物質は、ダイヤモンド型や閃亜鉛鉱型と呼ぶ正四面体の結晶構造を持つのが特徴だ。

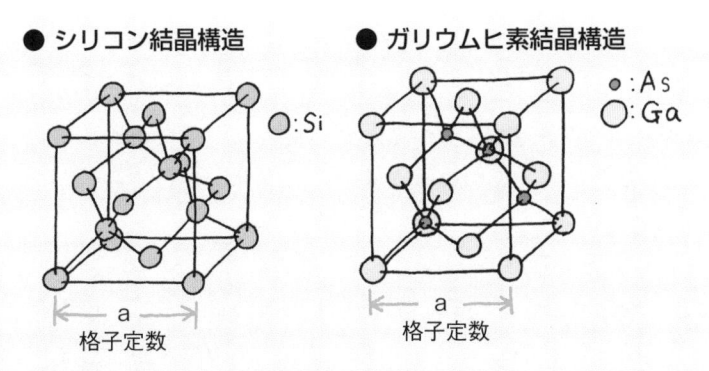

● シリコン結晶構造　　● ガリウムヒ素結晶構造

○：Si　　●：As　○：Ga

a 格子定数

正四面体構造を持つ半導体結晶の場合、1辺の長さのみで格子定数は決まる（85ページ参照）。

図 1-22b 半導体の格子定数とバンドギャップエネルギー

図は主にIII族とV族の化合物半導体の格子定数とバンドギャップエネルギーの関係を示している。材料間の線は相互の混晶による特性変化を表し、実線が直接遷移型を点線が間接遷移型を表す。

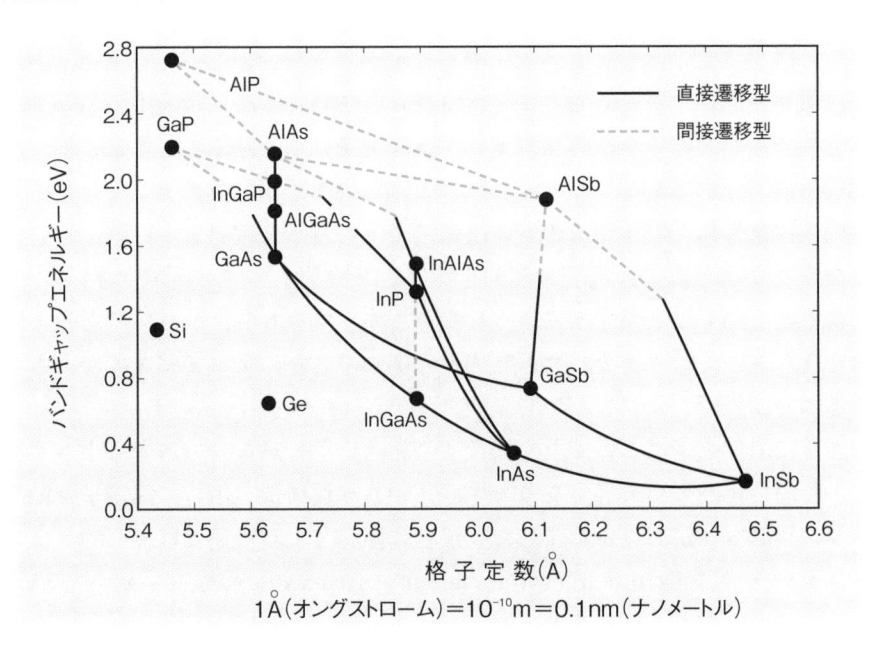

縦軸：バンドギャップエネルギー（eV）
横軸：格子定数（Å）

―― 直接遷移型
---- 間接遷移型

プロット：GaP, AlP, AlAs, InGaP, AlGaAs, GaAs, InAlAs, InP, Si, Ge, GaSb, AlSb, InGaAs, InAs, InSb

1Å（オングストローム）＝10^{-10}m＝0.1nm（ナノメートル）

1-23 ヘテロ接合構造と二次元電子ガス

　ガリウムヒ素（GaAs）とアルミニウムガリウムヒ素（AlGaAs）は、同じ結晶構造とほぼ等しい格子定数を持つことから接合しやすい半導体の代表選手と考えることができます。このような異なる半導体を接合することを、**ヘテロ接合**と呼びます。

　もし、ガリウムヒ素とn形アルミニウムガリウムヒ素をヘテロ接合すると、その接合面はどうなるのでしょうか。異なる半導体の接合では、伝導帯と価電子帯の位置が異なることから、エネルギーギャップの段差が生じます。そうすると界面でのバンド構造が曲がり、三角形状のくぼみ（井戸）を生じます。これを**三角ポテンシャル井戸**と呼んで、その幅が電子のド・ブロイ波長の程度になることから、井戸内に電子が二次元的に閉じこめられて量子化され、とびとびの離散的なエネルギー準位をとるようになります。このようなエネルギー準位を**サブバンド**と呼んで、そこに存在する電子が**二次元電子ガス**です。

　この電子は壁のあるz方向には動くことができないので、x方向とy方向の二次元方向にしか動くことができません。このように二次元的にしか動くことのできない電子を気体に例えて二次元電子ガスと呼ぶのです。この二次元電子は、n形アルミニウムガリウムヒ素層の電子が三角ポテンシャルの井戸の中に落ち込んできたものです。このような電子に電界をかければ、高純度なガリウムヒ素には電子の運動を妨げる（散乱する）ものが少ないので、一段と速く動くことができるようになります。すなわち、散乱体である不純物を含むアルミニウムガリウムヒ素から離れることによって移動度が大きくなるのです。

　さらに温度を下げていくと、衝突する結晶格子の熱振動の影響も小さくなり、移動度はさらに大きくなります。このような構造を用いて**高電子移動度トランジスター**が開発されました。最初に開発した富士通では、このトランジスターを英語の High Electron Mobility Transistor の頭文字から **HEMT**（ヘムト）と名付けています。海外では TEGFET や MODFET などいろい

ろな呼び名が提案されましたが、現在では世界中でHEMTの名前が使われています。

図1-23 三角ポテンシャル井戸と二次元電子ガス

異なる半導体の接合面では、エネルギーギャップの段差が生じて界面でバンド構造に三角形のくぼみができる。そのくぼみに閉じ込められた電子が二次元電子ガスだ。

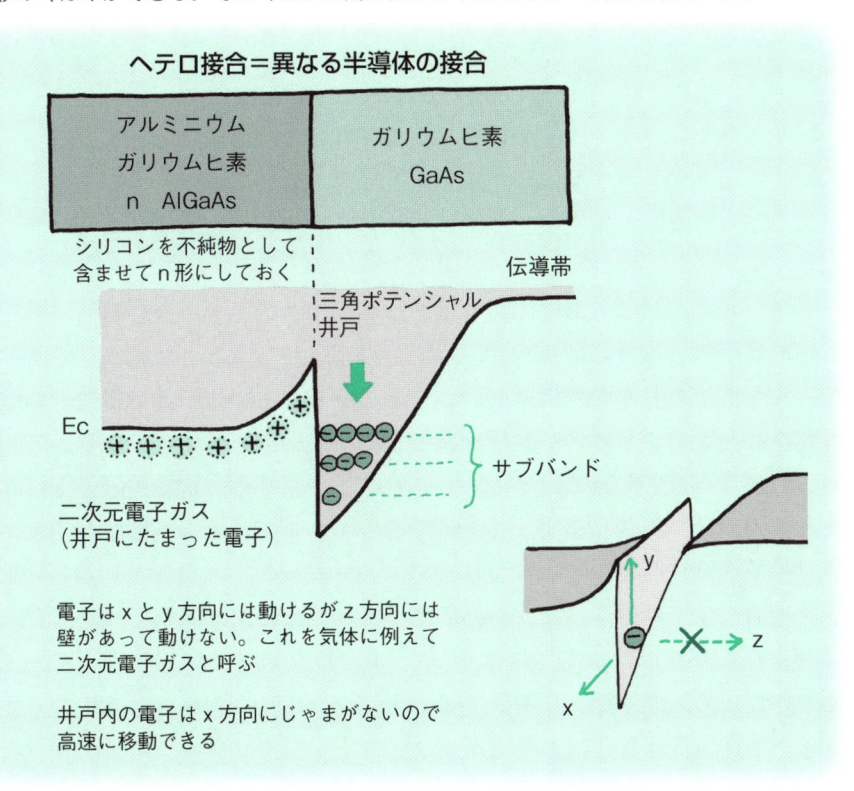

ヘテロ接合＝異なる半導体の接合

- アルミニウムガリウムヒ素 n AlGaAs
- ガリウムヒ素 GaAs

シリコンを不純物として含ませてn形にしておく

三角ポテンシャル井戸

伝導帯

E_c

サブバンド

二次元電子ガス（井戸にたまった電子）

電子はxとy方向には動けるがz方向には壁があって動けない。これを気体に例えて二次元電子ガスと呼ぶ

井戸内の電子はx方向にじゃまがないので高速に移動できる

> ⚠ **ホモ接合とヘテロ接合**
>
> 　組成が異なる半導体を接合することをヘテロ接合と呼ぶのに対して、同一の元素でできた半導体を接合することをホモ接合と呼びます。前述までの一般的なpn接合は、接合している半導体のドーピング成分はボロンとリンのように異なるものの、主成分はシリコンで同一ですから、ホモ接合となります。

1　㉔ 電子を閉じこめる量子井戸

　バンドギャップの小さな薄い半導体（ここではナローのNを使って**N半導体**とします）をバンドギャップの大きな半導体（ここではワイドのWで**W半導体**とします）で両側からサンドイッチのように挟んだらどうなるでしょうか。ここでN半導体の厚みは10～20nm程度です。

　N半導体の伝導帯の電子や価電子帯の正孔は、W半導体のバンドギャップ内に入ることができません。電子や正孔から見ると高いポテンシャル障壁を感じることになり、電子や正孔はN半導体の井戸の中に閉じこめられたように見えます。

　電子と正孔が感じる障壁の高さは2つの半導体のヘテロ接合界面での伝導帯と価電子帯におけるエネルギーバンドの不連続の大きさに相当します。このような構造を**量子井戸構造**といいます。そしてこの量子井戸構造がいくつも連なったものを**多重量子井戸構造**とか**超格子構造**と呼んでいます。

　このような量子井戸に閉じこめられた電子や正孔は、**定在波**のようにふるまう波動関数で表されます。また、電子のエネルギーは不連続なとびとびの値（量子準位）をとることになります。

　代表的な量子井戸構造は、結晶の格子定数がほとんど同じでバンドギャップが異なるガリウムヒ素（GaAs）とアルミニウムガリウムヒ素（AlGaAs）から作れます。ガリウムヒ素層をアルミニウムガリウムヒ素層で挟んでサンドイッチ構造を作ると、バンドギャップの小さなガリウムヒ素層が井戸層になり、アルミニウムガリウムヒ素層が障壁層になります。

　量子井戸構造では、井戸の幅を変えると量子準位の位置も変化するので、これを利用して半導体発光素子の波長を変えることができます。ガリウムヒ素／アルミニウムガリウムヒ素系の量子井戸構造はもっともよく研究されており、半導体のデバイス構造に使われています。

> **解説　定在波**：波長、周期、振幅、速度が同じ2つの波が、逆向きの進行方向で重なって、その場に止まって振動しているように見える状態。1つの波が空間で反射したとき、入射波と反射波の干渉によって起こることを指すのが一般的。

なお、一次元量子井戸構造は、1方向のみに電子を閉じこめます。2方向に電子を閉じこめる構造は**量子細線（ワイヤー）**、3方向に電子を閉じこめるポテンシャル井戸構造は**量子箱（量子ドット）**と呼ばれています。最近は半導体の超微細構造の加工技術により、半導体をナノスケールの寸法で加工して制御できるようになりました。そのおかげで、2方向や3方向から量子井戸構造の閉じ込めを進めて、電子の自由度が一次元の量子細線（量子ワイヤー）やゼロ次元の量子箱（量子ボックス）あるいは量子ドットのように電子の閉じ込め効果を大きくできるようになりました。これらの構造によって新しい機能や性質が現れることから、電子を1個ずつ制御するような**量子効果デバイス**の研究が進んでいます。

図1-24　量子井戸構造のしくみ

バンドギャップの小さなN半導体をギャップの大きいW半導体で挟むと、電子や正孔はN半導体の井戸の中に閉じ込められる。

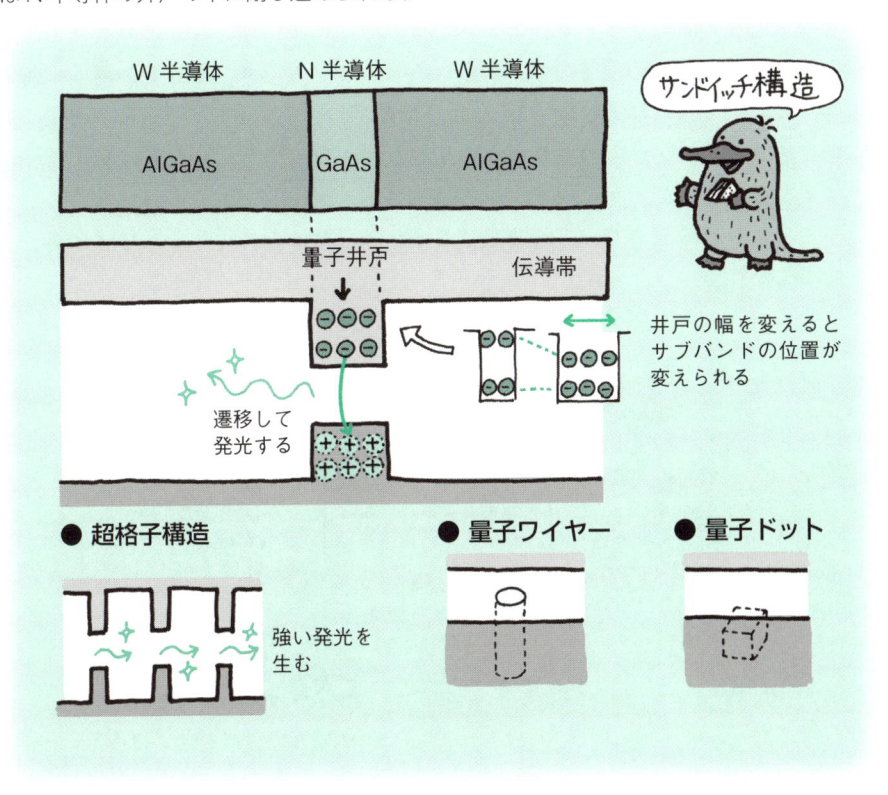

量子論の夜明け

光子（フォトン）の発見とボーアの量子条件

　真空管時代になった 1900 年に、プランクが提案してアインシュタインが発展させたものが光量子説です。それまで波（波動）と考えられていた光が、プランク定数 h によって表されるエネルギーと運動量（光子に質量がないことに注意）を持った光量子（粒子的な）の集まりとしてふるまうことが発見され、その後、**光子（フォトン）** と呼ばれるようになりました。

　この時期、ラザフォードは原子の構造について、原子はその中心に原子核を持ち、その核の周りを電子が回っている有核原子模型を確立しました。ここで問題となるのは、原子の発光をどのように説明するのかということです。

　これまでの古典的な物理学では歯が立たず、そこでボーアが**量子条件**という考え方を提案します。電子のような微視的な粒子の運動は、この量子条件を満たすとびとびの状態にのみ限られるというものです。そして、電子の運動がこのようなとびとびの状態（定常状態と呼んでいます）の間を不連続に飛び移るときに、そのエネルギーの差として光を放出したり反対に光を吸収すると考えました。

　このような考え方で、当時問題であった水素原子のスペクトルを解き明かしました。

量子条件
①電子は決められた軌道上を動き、その軌道半径はとびとびの値になる
②軌道上にある（定常状態の）電子は発光しない
③電子が別の軌道上に移るとき、光の放出や吸収が起こる

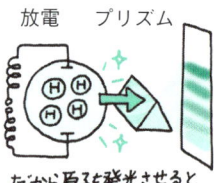

だから原子を発光させるととびとびの色（線スペクトル）が観測されるのだ

1922年 ノーベル物理学賞

ニールス・ボーア（デンマーク）

ド・ブロイによる物質波の発想

フランスの物理学者ド・ブロイは、光が波と粒子の両方の性質を持つこと（二重性と呼びます）に発想を膨らまし、電子のような粒子と考えられるものも波の性質（波動性）を持つのではないかと考えました。そしてボーアの量子条件は、粒子の持っている波動性がその源であると着想しました。

その後、電子の波動性については、電子線の回折実験によって実証されました。このような波を**物質波**とか**ド・ブロイ波**と呼びます。

じつはこの考え方が、原子の中を運動する電子のようす（状態）を記述するシュレディンガー方程式に発展していきます。この時期までの発展を前期量子論と呼んでいます。

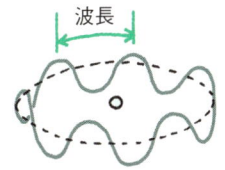

軌道の長さが電子の波長の整数倍のときに波は存在し続ける

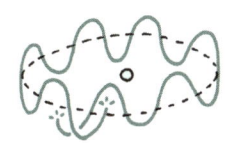

電子の波の山と谷がぴったり重ならないと、いずれ打ち消しあって消えてしまう

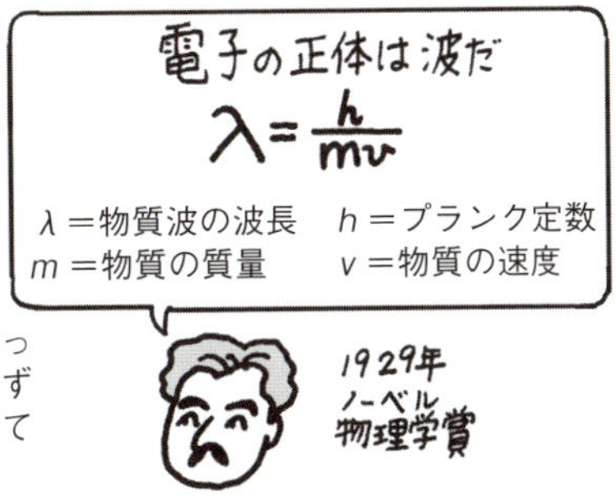

電子の正体は波だ
$$\lambda = \frac{h}{mv}$$
λ＝物質波の波長　h＝プランク定数
m＝物質の質量　v＝物質の速度

1929年ノーベル物理学賞
ルイ・ド・ブロイ（フランス）

原子の中の電子のふるまい——シュレディンガーの出番

人工衛星や野球のボールなど巨視的な物体は、ニュートン力学（古典力学）によってその軌道を決めることができます。そのような軌道を求める方程式をニュートン運動方程式と呼びます。たとえば何年何月何日に月がどの位置にいるかなどの巨視的な物体の運動については、ニュートン運動方程式で正確に求めることができるのです。

しかし、原子の中の電子のふるまいについてはどうでしょう。このような微視的な粒子のふるまいは、もはやニュートン力学では扱うことができませんでした。そこで登場するのが量子力学です。読んで字のごとく、電子のような波と粒子の両方の性質を持ち合わせた量子の運動を扱う力学です。

そこで、オーストリアの物理学者シュレディンガーの登場です。シュレディンガーは量子力学の基本方程式である**シュレディンガー方程式**を導き、水素

原子の電子の運動を見事に説明しました。

　この方程式では、電子の運動は波動関数というもので記述され、ギリシャ文字の Ψ（プサイと呼びます）で表したりします。半導体のナノ構造などでは重要な役割をする方程式です。このころからハイゼンベルクやディラックなどの天才が続出し、量子力学の発展期になります。

● シュレディンガー方程式

$$i \frac{h}{2\pi} \cdot \frac{\partial \psi}{\partial t} = H\psi$$

ψ＝波動関数　　　H＝ハミルトニアン演算子
h＝プランク定数　i＝虚数記号＝$\sqrt{-1}$
∂＝微分記号

エルヴィン・シュレディンガー（オーストリア）

物質の状態は波動関数 ψ プサイ で表せる

1933年 ノーベル物理学賞

ハイゼンベルクの不確定性原理って何だろう？

　原子の中の電子のような微視的な粒子のふるまいをどのようにして見ることができるだろうかと考えたのがハイゼンベルクでした。

　まず粒子の運動を見るための一般的な手法としては、光を当ててその位置を確かめる方法が考えられます。しかし、光（光子）にも粒子の性質があるので、観測対象の粒子に光をビリヤードのようにぶつけてしまうと粒子のふるまいに影響を与えてしまいます。このような思考実験により、1927年にハイゼンベルクは、**不確定性原理**を提唱します。古典力学のように粒子の位置と運動量を同時に正確に求めることができないというものです。言い換えれば、粒子の位置と運動量のどちらか一方を正確に定めようとすれば、もう一方が正確に求められないという原理です。このような関係を、位置の不確かさ（ΔX）と運動量（＝質量×速度）の不確かさ（ΔP）を用いて、それらの積がプランク定数 h よりも大きいと表します。

　数式で表すと $\Delta X \cdot \Delta P \geq h$ です。巨視的な物体とは異なり、電子のような微視的なものの軌道を完全に求めることは不可能なのです。じつは電子のふるまいを表すシュレディンガー方程式の中にもこの考え方が含まれています。通常、人工衛星などの軌道はオービットと表現されますが、電子の軌道などは区別されて**オービタル**と呼んでいます。

第2章

半導体デバイスの誕生

単なる鉱石にすぎなかった半導体が、
いかにして近代電子産業技術の中核的な役割を担うまでに発展し、
進化を遂げてきたのか。
電子デバイスに形を変えて進化する、
半導体の流れを追ってみる。

2-① 半導体デバイスとは何か

　さまざまな電気的作用を起こす部品同士をつないで、目的の機能を実現するのが回路です。

　回路には、電子回路と電気回路の2種類があり、**電子回路**は主に信号を電気の流れに変えて伝送や処理を行う回路を指し、**電気回路**は電気を熱や動力などのエネルギーに変えて利用するための回路を指します。

　回路を構成する部品の内、個々の電気的作用を起こす単品部品を素子と呼び、素子を使って単純な特定機能を持たせた部品や機器をデバイスと呼びます。ただし、素子とデバイスが厳密に区別されているわけではありません。

　半導体を材料にして作られるデバイスは**半導体デバイス**と呼ばれますが、その用途や製造技術（プロセス技術）の違いによっていくつかの種類に分かれます。

　まず、信号のスイッチングや増幅といった単機能を目的とするものは、**ディスクリート半導体**（個別半導体）と呼ばれ、よく知られるダイオードやトランジスターがそれにあたります。そして同じトランジスターでもしくみの違いによって、バイポーラトランジスタやFET（電界効果トランジスタ）、IGBT（絶縁ゲート型バイポーラトランジスタ）などさらに種類が分かれます。

　半導体で光を電気信号に変えたり、電気信号を光信号に変換するのが光半導体です。発光ダイオード（LED）やフォトダイオード、太陽電池などがよく知られています。

　また、ディスクリート半導体に対して複数のトランジスターで複雑な機能を持たせたものが**IC**（集積回路）です。デジタル信号を処理するロジックICと、アナログ信号を扱うアナログICがあり、アナログとデジタル両方の信号を扱うコンバータやインバータはアナログICに含めます。

　そして、今や信号の記憶媒体としてなくてはならないのが**半導体メモリ**です。USBメモリなどのように書き込みと読み出しができる**RAM**（ランダム・アクセス・メモリ）と、あらかじめプログラムを記憶しておき、読み出しのみを行う**ROM**（リード・オンリー・メモリ）に分けられます。

図 2-1 半導体デバイスの種類と分類

半導体デバイスは、用途や製造技術の違いで以下のように分類できる。

ディスクリート半導体	ダイオード	整流用	
		定電圧ダイオード	
		高周波ダイオード	
	トランジスター	バイポーラトランジスター	
		電界効果トランジスター（FET）	接合型
			MOS
		絶縁ゲートバイポーラトランジスター（IGBT）	
	パワー半導体	サイリスタ、トライアック	
		パワー MOSFET	
		絶縁ゲートバイポーラトランジスター（IGBT）	
集積回路（IC）	ロジック IC	汎用ロジック IC	
		マイクロプロセッサー	
		デジタル信号処理（DSP）	
		特定用途向け（ASIC）	USIC
			FPGA、CPLD
			ASSP
		システム LSI	
	アナログ IC	電源用 IC	
		オペアンプ	
		その他	
メモリー	揮発性メモリー	DRAM	
		SRAM	
	不揮発性メモリー	マスク ROM	
		EPROM、EEPROM	
		フラッシュメモリー	
		FeRAM、MRAM	
光半導体	発光ダイオード（可視光 LED）		
	半導体レーザー		
	受光素子	フォトダイオード、ソーラーセル	
		フォトトランジスター	
		イメージセンサー	CCD
			CMOS

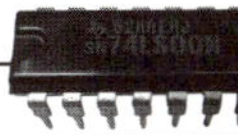

2.2 エレクトロニクスの始まりと電子デバイスの創造

　半導体デバイスの研究と応用技術は、エレクトロニクスの発展と歩みを共にしてきました。このエレクトロニクスという言葉は、電子工学などと訳されますが、現在では広義に解釈して、「真空中やガス中、固体中などの電子のふるまいを研究し、それを用いて真空管やトランジスターと呼ばれる電子デバイスを創造し、私たちの生活に役立つ電子機器や装置などに応用する分野の総称」として定義されています。

　そして、電子のふるまいよりも、それをさらに光の発生装置や検出器に応用する場合には、光（オプト）あるいは光子（フォトン）を強調して**オプトエレクトロニクス**とか**フォトニクス**と呼んだりもします。

　さらに最近では、電子の持っているスピンという性質を利用する分野も現れ、**スピンエレクトロニクス**あるいは**スピントロニクス**のように名付けられた新しい分野が開拓されています。

　そもそもエレクトロニクスは、真空管とその応用に関する研究から第一歩が始まりました。

　真空状態にしたガラス管の内部にフィラメントを封入した、いわゆる電球内に、もう一つ電極を設けてフィラメントを加熱すると、フィラメントと電極の間に電流が流れることが1855年に発見され、1859年にそれが陰極線として確認されました（電子の存在が確認されるのは、それから20年ほど後の1897年のことです）。

　その後、エジソンが2極真空管（1883年）を、デ・フォレスが3極真空管（1906年）を発明し、電気信号を自在に制御することが可能になったおかげで、いっきにエレクトロニクスが開花したのです。真空管が画期的だったのは、スイッチの代わりに信号をオン・オフしたり、信号を大きく増幅できることで、当時は、電波を利用した無線通信の実用化に向けた開発が盛んに行われました。

> **解説** **エレクトロニクス**：electronics。アメリカのラジオ雑誌のタイトルに用いられた造語が発祥。電子のエレクトロンが語源とされる。

図2-2 陰極線の発見がエレクトロニクスの第一歩
電球内に電極を入れたとき、電極にプラスの電圧を加えるとフィラメントと電極間に電流が流れることが偶然発見され、その正体を陰極線と呼んだ。陰極線の正体が熱でフィラメントから放出された電子であることは20年後に確認される。

● 2極真空管のしくみ

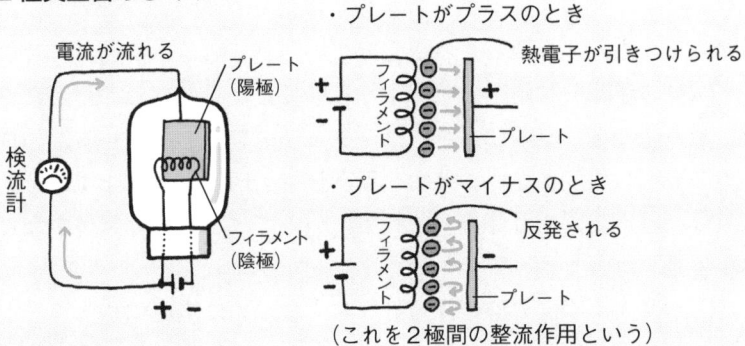

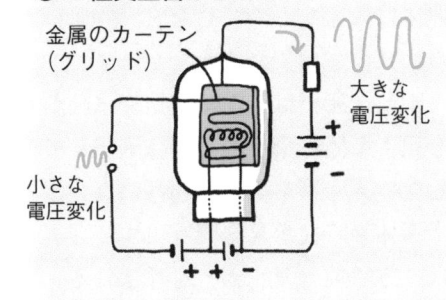

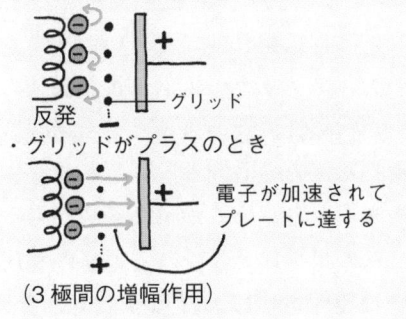

・プレートがプラスのとき
　熱電子が引きつけられる

・プレートがマイナスのとき
　反発される

（これを2極間の整流作用という）

● 3極真空管のしくみ

・グリッドがマイナスのとき
　反発

・グリッドがプラスのとき
　電子が加速されてプレートに達する

（3極間の増幅作用）

● 真空管の図記号

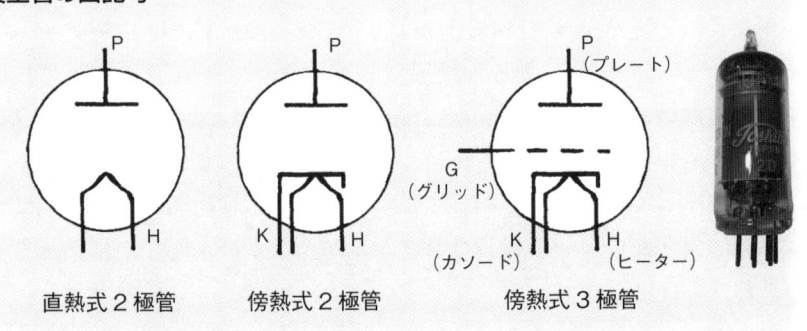

直熱式2極管　　傍熱式2極管　　傍熱式3極管

P（プレート）
G（グリッド）
K（カソード）
H（ヒーター）

2・半導体デバイスの誕生

2.3 真空管から半導体の時代へ

エレクトロニクスの花形デバイスとして脚光を浴びた真空管ですが、いまでは高周波で大電力を必要とする用途で用いられているほかは、一部のオーディオマニアの趣味で利用されているくらいでしか見かけることがなくなりました。というのも、一般に真空管は、フィラメントを加熱するために素子の寿命が1千時間程度と短いことや、真空管電子回路が大きな電力を消費することから、通信装置や計算機への利用についてはこれらの問題をなんとか解決する必要がつきまとっていたのです。

たとえば、戦後すぐに大砲の弾道計算をするために実用化された、世界最初のデジタル電子計算機といわれる**エニアック**は、使用された真空管は1万7,468本にもなり、総重量も30トンと非常に大きなものでした。真空管は週に2、3本は壊れていたといいますから、技術者は頭が痛かったはずです。

一方、アメリカの電信・電話会社のベル研究所では、電話交換機に使われていた信頼性の低いスイッチや増幅器を頑丈な固体素子（半導体素子）で置き換えるための研究が進められていました。真空管をより信頼性の高い素子に置き換えるための地道な研究から、半導体の時代が幕を開けます。

最初の半導体と呼ばれる材料の利用は、**方鉛鉱**（ガレナとも呼ばれる）を用いた無線電信における検波器と考えられます。利用され始めた時期は19世紀後半と真空管の時代と重なりますが、真空管では高い周波数の整流作用が得にくいことから鉱石検波器が見直され、1939年にはレーダーの検波器としてゲルマニウムによる点接触型の半導体ダイオードが発明されています。**点接触型ダイオード**（point contact diode）は、小さな半導体結晶片（ゲルマニウム）の一方に電極を付け、上部に鋭く尖らせた細い金属針を押しつけた構造をしています。その応用に平行して鉱石検波器の整流現象については物理的説明がいろいろ提案されましたが、なかなか明らかになりませんでした。

解説 **エニアック**：electronic numerical integrator and computerの略。1964年、アメリカのペンシルベニア大学のエッカートとモークリーによって開発された。

図 2-3a　世界初のコンピューターは真空管で構成されていた

エニアック（ENIAC：Electronic Numerical Integrator and Computer、電子式数値積分計算機）は横幅24m、高さ2.5m、奥行き90cmという大型のものだった。

写真提供：共同通信社

図 2-3b　真空管に代わる素子として開発された半導体ダイオード

今でも点接触型の半導体ダイオードは、工作用の検波ダイオードとして利用されている。

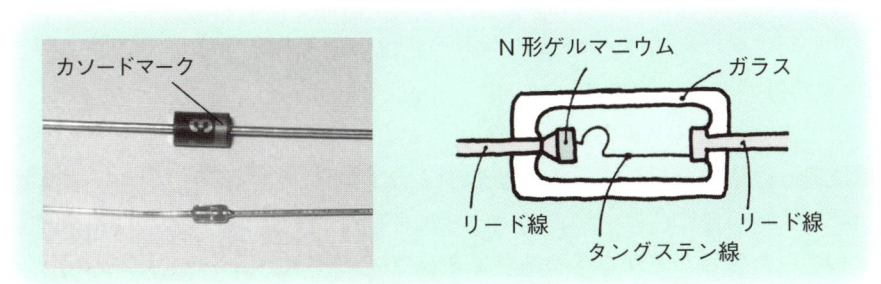

カソードマーク

N形ゲルマニウム　ガラス
リード線　タングステン線　リード線

> **❗ ダイオードは半導体の代名詞ではない**
>
> 　ダイオードと聞くと、発光ダイオードに代表される半導体の呼び名のように思いがちですが、じつは、陽極（アノード）と陰極（カソード）の2つの極を持つ、2極真空管を表す言葉として生まれました。ギリシャ語の、2を意味するdiと道を意味するodeを組み合わせた造語です。

2・半導体デバイスの誕生

2.4 トランジスターの発明

●点接触型トランジスターの発明

　真空管の弱点を克服するために半導体が利用され始めた当初は、半導体ダイオードの整流作用にもばらつきが大きく、整流作用の物理的な理由も明らかではなかったので、手探りで半導体の研究は進められていました。そんな中、ここで転機が訪れます。

　ベル研究所のバーディーンが、**表面準位**（Surface states サーフェス ステート）モデルの概念を提唱したのです。シリコンやゲルマニウムなどの半導体表面には電子が占めることのできる表面準位というものが存在し、それによる電気的2重層による障壁（バリアー）が存在することが整流現象を起こしている、というものです。バーディーンの同僚であったブラッテンは、実験を積み重ねてこのモデルを調べました。そして彼は、元来2本の電極で構成される点接触ダイオードのゲルマニウム表面に極めて近接させてもう1本の電極針を立てたとき、2本の針の間に相互作用が起こることを確認しました。

　そしてこのような3つの電極を持つ装置が増幅作用を示すことが発見され、**点接触型トランジスター**（point contact transistor ポイント コンタクト トランジスター）と命名されたのです。

　なおトランジスターという名前は、「変化する抵抗を通じて信号を伝える抵抗器」の意味を込めて、「transmit（トランスミット：伝達）」と、「resister（レジスター：抵抗器）」から名付けられました。また、この点接触型トランジスターの信号を入れる側の針を**エミッター**（「放出する」という意味）、出力側を**コレクター**（「収集する」という意味）、そして底面の電極を**ベース**（「基礎、土台」という意味）と呼んだことから、現在もトランジスターの電極名はそれにならって呼ばれています。

●接合型トランジスターの登場

　点接触型トランジスターは、特性が不均一で不安定なため、実用化には大きな壁が立ちはだかりました。一方、pn接合の概念がショックレーによっ

て研究され、その結果、安定で実用的なトランジスター構造として**接合型トランジスター**が登場することになります。

　半導体を中心としたエレクトロニクスの開発はこの時期に本格的に始まったといってもいいでしょう。このようなパラダイムシフトは、ふとした偶然が新しい発見に結びつくセレンディピティ（116ページ参照）と呼ばれる要素もありますが、トランジスターの発明には、単純に真空管からの類推ではなく、純度の非常に高い半導体結晶の作製と半導体表面の基礎研究から生み出されたものと考えることができます。

　これらの功績によって、トランジスターを生み出したショックレーとバーディーン、ブラッテンの3人は、ノーベル賞を受賞することになります。

図2-4a　点接触型トランジスターのしくみ
エミッター電極にわずかな電流が流れるとコレクターに大きな電流が流れる。

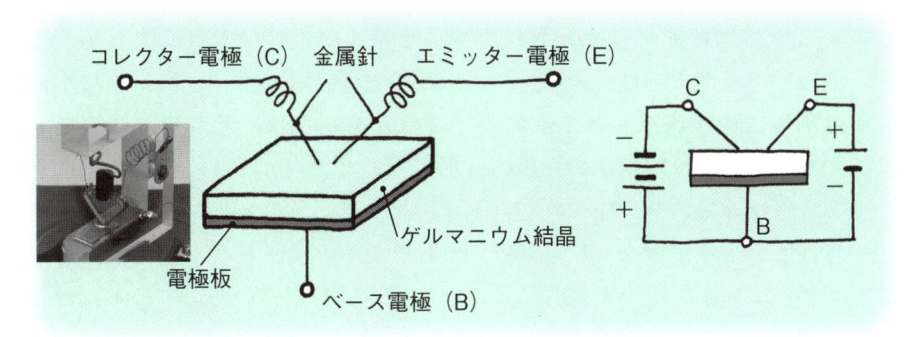

図2-4b　接合型トランジスターのしくみ
pnpあるいはnpnの不純物半導体のサンドイッチ構造を作ることで、動作の安定したトランジスターができあがる。

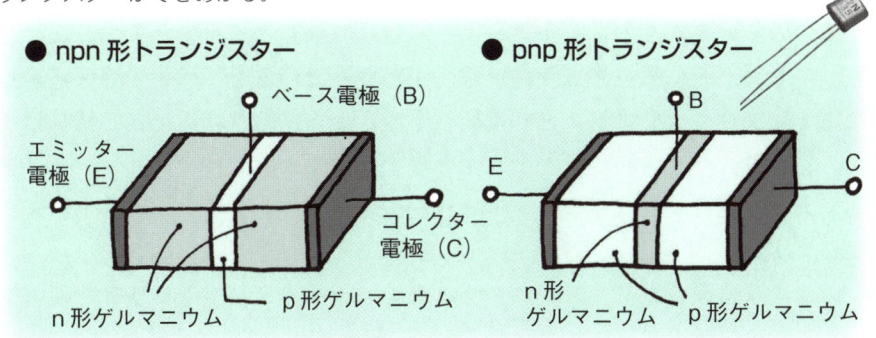

2.5 接合型トランジスターの動作原理

 ベル研究所で開発された接合型トランジスターは、pn 接合を 2 つ組み合わせた構造をしています。もちろん 2 つの pn 接合を銅線でつなぐわけではなく、これらの接合を半導体結晶中に作りこんだものです（第 3 章参照）。
 2 つの pn 接合を組み合わせる接合型トランジスター（Junction type transistor）は、組み合わせによって pnp 形と npn 形の 2 種類の構造が作れます。
 動作のしくみを npn 形トランジスターを例に説明してみましょう。
 npn 形トランジスターは 3 つの層で構成され、真ん中の p 層をベース、一方の n 層をエミッター、もう一方の n 層をコレクターと呼びます。
 エミッターは電極から注入された電子を真ん中のベース層に流し込みます。そしてコレクターはベースから流れ出る電子を集めます。真ん中にある p 層は制御電流が流れるところです。なお pnp 形では、それぞれ電極を入れ替えて同じように呼び、真ん中の n 層がベースになります。
 ベース層は非常に薄く作られて、電子の通り抜ける時間が短くなるように工夫されています。図 2-4 の回路で、コレクターとエミッター間に電圧をかけてエミッターから電子を流し込んでも、ベース層が壁になって電子はコレクター側に流れることができません。しかし、n 形のエミッターと p 形のベース間に pn 接合の順方向に電圧をかけてやると、エミッターに流れ込んだ電子はベース層に流れ込み、一部はベース層の正孔と結合しますが、ベース層が薄いのでほとんどの電子がコレクター層に流れ込んでしまいます。このとき、コレクターにベースより高い電圧がかかっていると、ベース層を通過した電子は加速されてコレクター電極（電池）から供給される正孔と結合します。つまり、ベースにわずかな電流を流すだけで、エミッターとコレクター間に大きな電流が流れるのです。これが接合型トランジスターの基本動作になります。
 このように接合型トランジスターは電子と正孔の 2 つのキャリアを利用することから、**バイポーラトランジスター**（bipolar：双極性）とも呼ばれます。

図 2-5　npn 形トランジスターの動作原理

下図のベース層とエミッター層の pn 接合部の空乏層での電子のふるまいは、41 ページの図 1-16a も参考にしてほしい。また、電子の流れと電流の向きが逆になることも覚えておきたい。

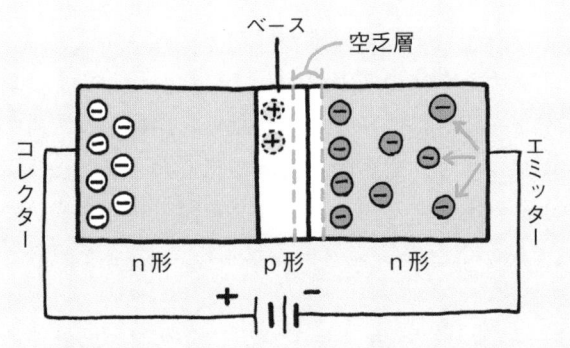

コレクターとエミッター間に電圧をかけてエミッターから電子を注入すると、それに押されてエミッター領域の電子はベース層に近づくが、空乏層が壁になって動けなくなる。コレクター付近の電子も電極付近の電子も電極付近に引かれてたまってしまう

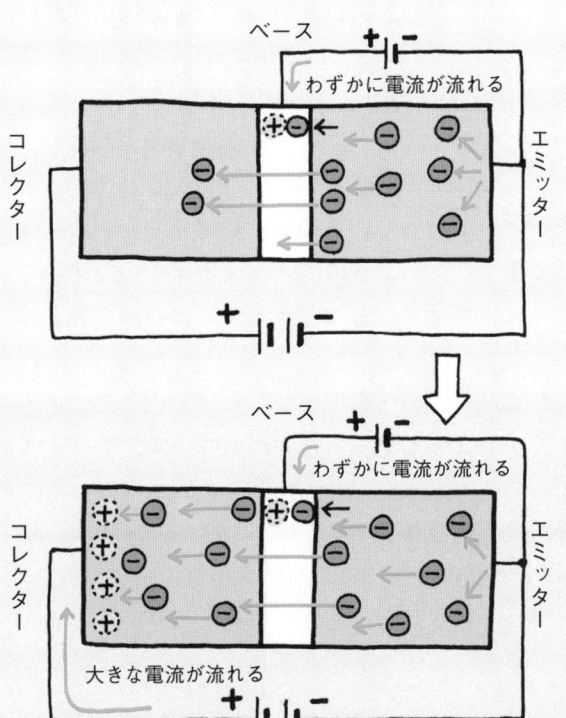

ベースとエミッター間に pn 接合の順方向のバイアスをかけると空乏層の電位障壁が低くなり、エミッター側からベース層に電子が流れ込む。
そのとき一部の電子はベース極から供給される正孔と結合して消滅するが、ほとんどはベース層を通過してコレクター領域へと通過する

コレクターにベースより高い電圧が加わっていると、ベース層を通過した電子は加速されて電池から供給される正孔と結合して大きな電流が流れる

2-6 トランジスターの増幅作用

　真空管がエレクトロニクスを発展させる原動力になった大きな要因は、真空管の持つ増幅作用とスイッチング作用だと説明しました。そしてトランジスターは、この2つの作用を真空管に代わって行うために開発されたものでした。トランジスターの増幅作用を、回路図を使って見ておきましょう。電子回路の信号の流れをつかみやすくするために、部品を記号化して書いたものが回路図です。回路図では、トランジスターも図2-6aのような記号で表されます。

　図2-6b左は、エミッター接地という方式のトランジスターの増幅回路です。トランジスターのベースに流れ込む電流（ベース電流I_B）を連続的に変化させて、それをパラメーターとして、エミッター—コレクター間電圧V_{CE}とコレクター電流I_Cの関係をグラフにすると図2-6b右のようになります。コレクター電圧を増やしていくとコレクター電流が急激に増加し、その後一定になります。

　ここでコレクター電流が一定となっている領域を見てみると、ベース電流と比例しているように見えます。このように、ベース電流を少し変化させるとコレクター電流を大きく変化させることができます。これが増幅と呼ばれる動作です。

　ベース電流の変化に対してコレクター電流がどれだけ変化したかを表すのが**電流増幅率**で、h_{FE}と書かれます。通常、h_{FE}が100、つまりベース電流が1mA変化すると、コレクター電流が100mA変化するぐらいの増幅率がトランジスター増幅回路には期待されます。

　また、ベース電流が流れていないときにはコレクター電流もほぼ0となり、ベース電流の増加にともなってコレクター電流が急速に流れ始めます。これらを0状態と1状態として考えるのが、トランジスターのスイッチング動作です。

図 2-6a　回路記号で表したトランジスター

npn 形と pnp 形では、エミッターの矢印の向きが逆に描かれることに着目したい。これは電流の流れる向きを表している。

● npn 形トランジスター　　● pnp 形トランジスター

ベース B　コレクター C　エミッター E

図 2-5b　トランジスターの増幅回路（エミッター接地方式）

エミッターの電圧を回路の基準電圧（グランド：GND）とする回路方式をエミッター接地と呼ぶ。最も一般的な回路方式だ。

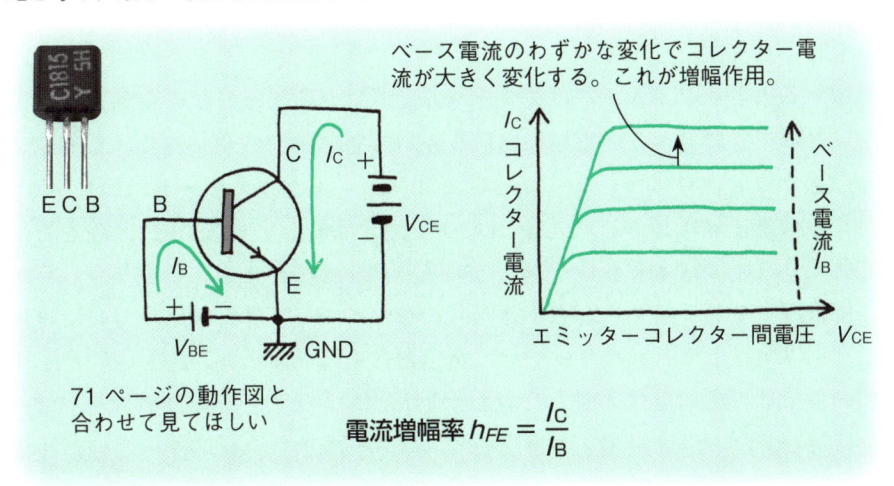

ベース電流のわずかな変化でコレクター電流が大きく変化する。これが増幅作用。

I_C コレクター電流　　ベース電流 I_B

エミッターコレクター間電圧 V_{CE}

71 ページの動作図と合わせて見てほしい

電流増幅率 $h_{FE} = \dfrac{I_C}{I_B}$

> **❗ どうして電子の流れと電流の向きは逆なのか**
>
> 　電流の大きさ（単位 A：アンペア）は、導体の断面を 1 秒間に通過する電子の総電荷量（単位 C：クーロン）を表したものです。なのにどうして電流の向きは電子の移動方向の逆とされているのでしょうか。じつは、電子が発見されたのが、電圧や電流の関係が解明されたずっと後になってからだったため、それまでの理論と矛盾しないように、電流の向きは電子の移動方向の逆ということにしておこうと便宜的に決まったからなのです。

2-7 電界効果トランジスター(FET)

　接合型トランジスターは、通常、半導体表面から深さ方向（縦方向）に電流が流れるような構造になっています（図2-7a）。単純化してみると縦方向の一次元構造と考えることができます。

　一方、半導体表面に縦方向の電界（電気の力）をかけて、半導体の表面方向（横方向）に流れる電流（電子や正孔のキャリアの流れ）をコントロールするトランジスターが**電界効果トランジスター**です。電界効果は英語ではField Effect（フィールドエフェクト）ということから、電界効果トランジスターはField Effect Transistorの頭文字をとって**FET**（エフィーティー）とも呼ばれます。

　電界効果トランジスターは、**チャネル**と呼ばれるキャリアの移動領域の途中に電極を設けて、この電極に電圧をかけて電気的な関門を作り、キャリアの通過をコントロールします。そして関門となる電極を**ゲート**（門）、チャネルの低電圧側電極つまり電子が入ってくる電極を**ソース**（源）、電子が出て行く高電圧側電極を**ドレイン**（吸い込み口）と呼びます。

　接合型トランジスターが電子と正孔の2つのキャリアを利用したのに対して、電界効果トランジスターでは、電子だけあるいは正孔だけといった1種類のキャリアを利用します。このようなトランジスターを接合型のバイポーラに対して、1つを表すユニを用いて**ユニポーラトランジスター**と分類します。

　なお図2-7bは、接合型と呼ばれる電界効果トランジスターの構造です。この接合型FETは最近ではあまり使われることがなく、ほとんどがMOS(モス)型と呼ばれるタイプになっています（76ページ参照）。

　なおソース・ドレイン間の伝導に電子を利用するものを**nチャネルFET**、正孔を利用するものを**pチャネルFET**といって区別しますが、構造的に、必ずしもnチャネルFETのチャネル物質がn形半導体というわけではありません。その理由は、77ページ図2-8bのMOSFET（モスエフィーティー）のしくみを見ればわかります。

図 2-7a　接合型トランジスターの構造

下図のような構造のトランジスターは、半導体表面に平坦（プレーン）な構造で作られていることから、プレーナ型トランジスターとも呼ばれる。

● npn 形トランジスター

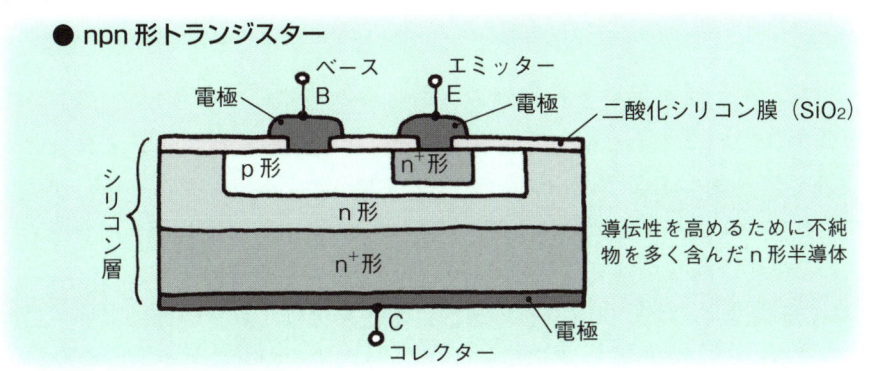

（図：npn形トランジスターの断面構造。ベースB、エミッターE、コレクターCの電極、p形、n形、n^+形のシリコン層、二酸化シリコン膜（SiO_2）を示す。n^+形は「導伝性を高めるために不純物を多く含んだn形半導体」）

図 2-7b　接合型 FET の構造

ゲートに pn 接合の逆バイアス電圧をかけると、接合部の空乏層が広がり、電子の通るチャネルが狭まって電流が制御される。

（図：接合型FETの構造。ソースS、ゲートG、ドレインD、p形、n形、空乏層、チャネルを示す。「ゲートにマイナスの電圧を加えると空乏層が広がりチャネルが狭くなって電子の移動を制御できる」）

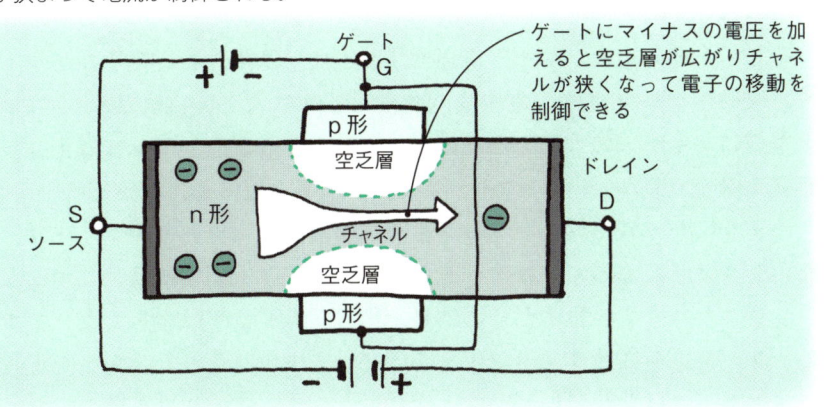

図 2-7c　接合型 FET の回路記号

n チャネルと p チャネルの区別は、ゲートの矢印の向きで見分ける。

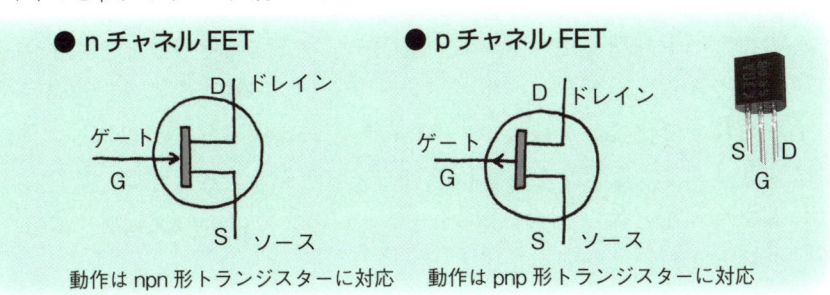

● n チャネル FET
動作は npn 形トランジスターに対応

● p チャネル FET
動作は pnp 形トランジスターに対応

2.8 MOSトランジスター (MOSFET)

　現在、電子回路は集積化が進み、あらゆる機器に半導体集積回路（IC）が使われています。そしてその集積回路には、**MOSトランジスター**とかMOSFETと呼ばれるMOS構造のFET（電界効果トランジスター）が主に使われています。集積回路にFETが使われる理由は、FETが低消費電力な上に、微細な構造を均一に数多く作れることが大きな理由です。

　MOS構造は、シリコン基板の裏面に電極を付け、もう一方の表面に二酸化シリコン（SiO_2）の薄い酸化膜を付けて、さらにその上にアルミニウム（Al）の金属電極を付けた構造をしています（図2-8a）。つまり、表面電極部分の金属・酸化膜・半導体（Metal/Oxide/Semiconductor）構造を略した言葉がMOSなのです。

　そして表面の電極がゲート電極です。裏面（基板）の電極を0ボルトにして、表面のゲート電極の電圧を変化させます。たとえば図2-8bでは、ゲート電極にマイナスの電圧をかけると、もともとp形シリコンには正孔が多数存在するのですが、さらにマイナスに引かれて電極に正孔が集まってきます。このようにして酸化膜とシリコン半導体の境界面（界面という）には、何もないときより多くのキャリアが集まり、この状態を**蓄積状態**（アキュムレーション）と呼んでいます。その結果、横方向の導電率は大きくなります。次に、ゲート電極にプラスの電圧をかけていきます。もともとあった正孔はプラスの電圧に反発して界面から逃げていきます。その結果正孔の少なくなった空乏層が現れ、導電率も小さくなります。これはpn接合のときの空乏層と同じものです。この状態を**空乏状態**（デプレッション）と呼びます。

　さらにゲート電極に高いプラスの電圧をかけます。そうすると電子が詰まることのできるフェルミレベルがバンドギャップの真ん中より伝導帯側に吊り上げられ、酸化膜とシリコン半導体の界面には伝導電子が現れるようになります。このような状態を**反転状態**（インバージョン）と呼び、この電子の多い層を反転層と呼びます。MOSトランジスタではこの反転層に存在する電子の横方向の伝導を利用します。

なお、ソースとドレインの間隔をゲート長と呼び、電子が走る距離を表します。また、ゲート電極の幅（ゲート幅）で流れる電流の量を調整することができます。最先端のゲート長は50ナノメートル以下となり、これが短くなるほど速いスイッチング動作を可能にします。

図2-8a　MOSFETの構造
金属電極と酸化膜、そしてシリコン半導体の三重構造になっていることからMOS型と呼ばれる。また、ゲート電極が半導体から絶縁されていることから、絶縁ゲート型FETと呼ぶこともある。

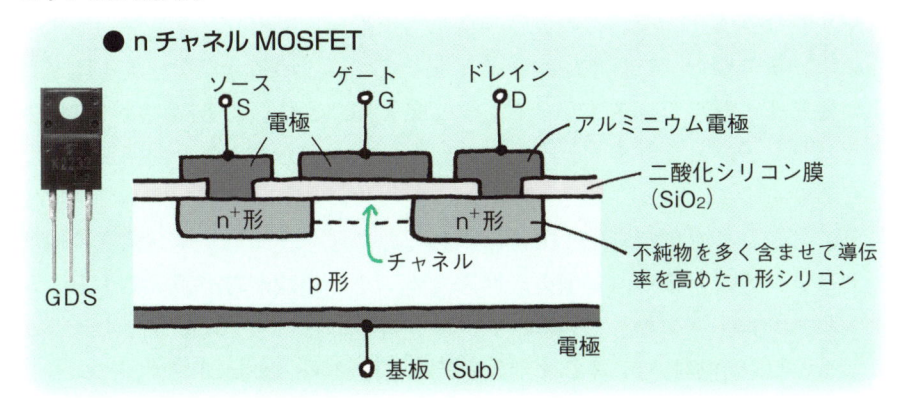

図2-8b　MOSFETの動作原理
ゲート電極に強い逆バイアスがかかると、p形半導体表面にできた空乏層部のフェルミレベルがエネルギーバンドの伝導帯に達して、伝導電子が存在するようになる。そのため、チャネルがp形半導体でありながら、キャリアは電子が担うことになる。

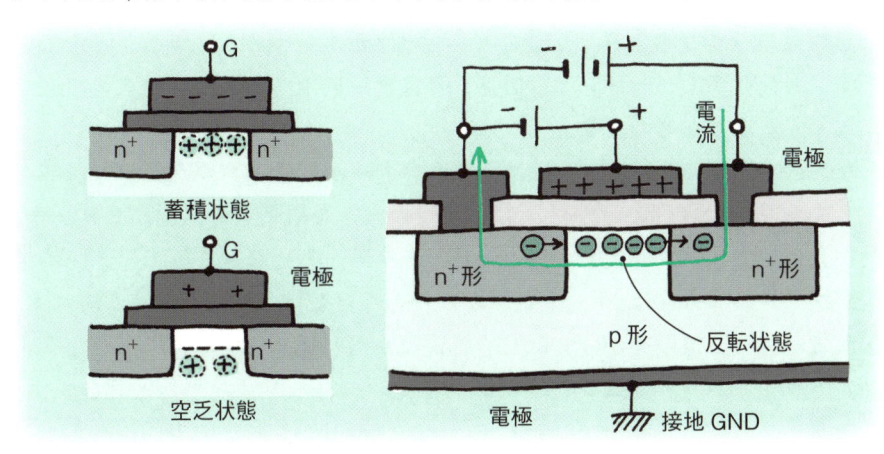

2.9 MOSトランジスターの動作特性

　nチャネルMOSトランジスターのドレイン電流とドレイン電圧の関係を見てみます。ソース電極を接地（アース）して、ドレイン電極をプラスにします。まず、ドレイン電圧を0ボルトの状態で、ゲート電圧にプラスの電圧をかけて反転層を作ります。そうするとソースから電子が流れ込み電流が流れやすくなります。なおこのとき、反転層を形成してドレイン電流を流すためには、最低限のゲート電圧が必要となります。このようなゲート電圧を**しきい値電圧**と呼んで、スイッチングする集積回路を作製する際には非常に重要なパラメータとなります。もしこの値がばらついたりすると回路が動かなくなるからです。

　そしてドレイン電圧をプラスに増やしていくと、まずドレイン電圧の増加でドレイン電流が線形的に増えていきます。この領域が線形領域です。さらにドレイン電圧を増やしていくとドレイン電極のところで反転層が小さくなり、ついには消滅してしまいます。そうするとチャネルは閉ざされて、ドレイン電圧をそれ以上増やしてもドレイン電流は増加せず、電流一定の飽和状態なります。この飽和時のドレイン電圧を**ピンチオフ電圧**と呼びます。

　MOSトランジスターの性能は、わずかな信号電圧がかかるゲート電圧の変化に対して、どれぐらい大きなドレイン電流が流れるかで表されます。これを**相互コンダクタンス**と定義して、普通 gm（ジーエム）などと呼んでいます（単位はS：ジーメンス）。FETの性能を向上するためにはこのgmを大きくすることが必要です。

　なおMOSトランジスターには、nチャネルかpチャネルかという伝導を担うキャリアの区別のほかに、もう一つの大きな構造上の区別があります。たとえば図2-9bのNMOS（E）トランジスターを見てみると、しきい値電圧がプラスの場合には、ゲート電圧がかからなければドレイン電流が流れず、プラスのゲート電圧をかけてはじめて電流が流れ始めます。このようなタイプのトランジスターを**エンハンスメント型**（ノーマリオフ型）と呼びます。このタイプは省エネ動作が可能です。一方、シリコン基板の表面にあらかじ

め電子や正孔の流れやすいチャンネルを形成して、マイナスのゲート電圧をかけることでチャンネルからキャリアを逃がしながらドレイン電流を減少させるタイプのトランジスターもあり、これを**デプレッション型**（ノーマリオン型）と呼んで区別しています（図2-9bのNMOST(D)）。このタイプはゲート電圧がかかっていないときでもドレイン電流が流れるため、消費電力が大きくなります。

図2-9a　MOSFETの動作特性

I_dが流れはじめるときのV_gがしきい値電圧

相互コンダクタンス $gm = \dfrac{dI_d}{dV_g}$ [S]

↑ MOSトランジスターの重要な性能

nチャネルFETの電圧・電流特性（線形領域、飽和領域、ピンチオフ電圧、ゲート電圧V_g）

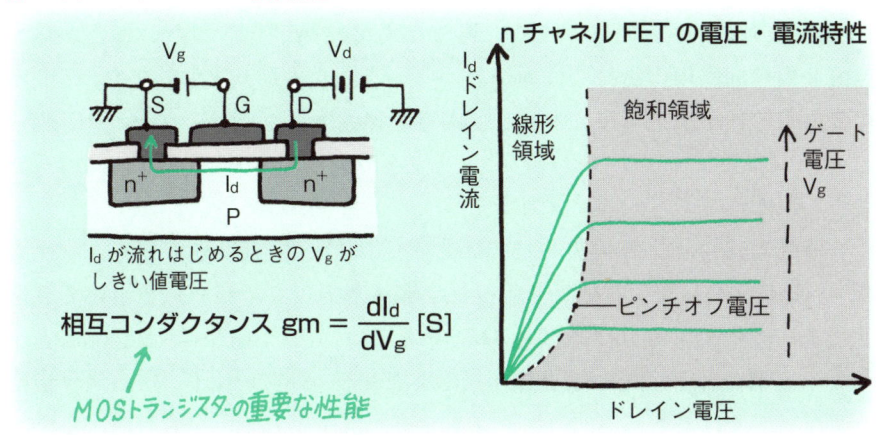

図2-9b　MOSFETの種類と回路記号

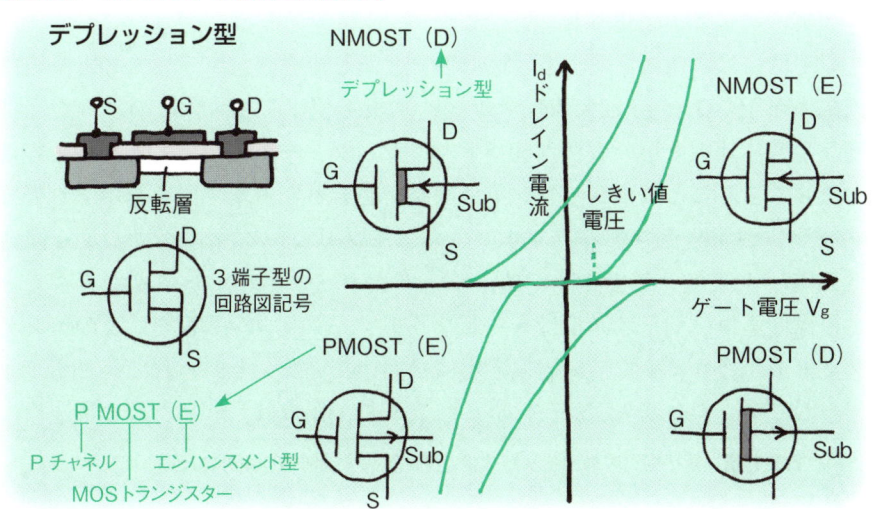

デプレッション型（反転層）

3端子型の回路図記号

P MOST (E)
Pチャネル　エンハンスメント型
MOSトランジスター

NMOST (D) デプレッション型
NMOST (E)
PMOST (E)
PMOST (D)

しきい値電圧、ゲート電圧V_g、I_dドレイン電流

2-⑩ 化合物半導体トランジスター (MESFET) の活躍

　光通信や無線通信などの分野では、高速で高周波特性のよい部品が要求されます。そのため、そのような分野に用いるトランジスターには、シリコン以外にも2種以上の原子が共有結合してできている**化合物半導体**が用いられています。化合物半導体は電気特性や光電変換特性、環境耐性が高いという特徴がありますが、価格が高く、均質な大型結晶が作りづらいことから大規模な集積回路用の素材には向かないという弱点もあります。また、2つの化合物半導体をヘテロ接合すると、高電子移動度トランジスター（HEMT：82ページ参照）やヘテロ接合バイポーラトランジスター（HBT：84ページ参照）が作れるのも大きな魅力です。

　一般的な化合物半導体デバイスは、ガリウムヒ素（GaAs）やインジウムリン（InP）インゴットを薄く切った半導体基板（ウエハー）を用いて製造されます。中でもガリウムヒ素 **MESFET**（MES：MEtal Semiconductor ＝ゲート電極部が金属と半導体が接触している構造のFET）は、化合物電子デバイスでは最も基本的なトランジスター構造として、早い時期からマイクロ波領域の高出力トランジスターや携帯電話などの送信出力増幅用トランジスターとして実用化されていました。

　原理的には、74ページの接合型FETと同じですが、ガリウムヒ素基板に抵抗率が 10^8 Ω・cm と大きな半絶縁性基板を使用します。このような高抵抗な半導体基板を用いる利点は、トランジスターを集積するときに寄生容量を低減できることや、シリコン集積回路で必要となる素子間を絶縁する製造プロセスが簡略化される点です。さらにモノリシックマイクロ波集積回路（MMIC、114ページ参照）では、インダクタ（コイル）を形成するうえで半絶縁性基板の効果は非常に有効となります。シリコン基板ではこのインダクタ素子が作りにくく、高周波応用には向いていないといわれています。

　なおガリウムヒ素MESFETのn形チャネル領域は、ガリウムヒ素基板に

> **解説** **寄生容量**：電子回路内の部品や配線相互間に発生する静電作用のこと。

シリコンイオンを選択イオン注入することで作製されます。

またゲート電極には、たとえばアルミニウム電極がガリウムヒ素半導体と**ショットキー接触**（金属－半導体接合）でつながっている**ショットキー電極**が用いられ、その接触界面には整流作用が生じます。ソースおよびドレイン電極は、接触抵抗を低減するために高濃度の不純物を注入した半導体領域に金・ゲルマニウム（AuGe）合金を接触させた**オーミック電極**が作製されます。

図2-10　ガリウムヒ素MESFETの構造

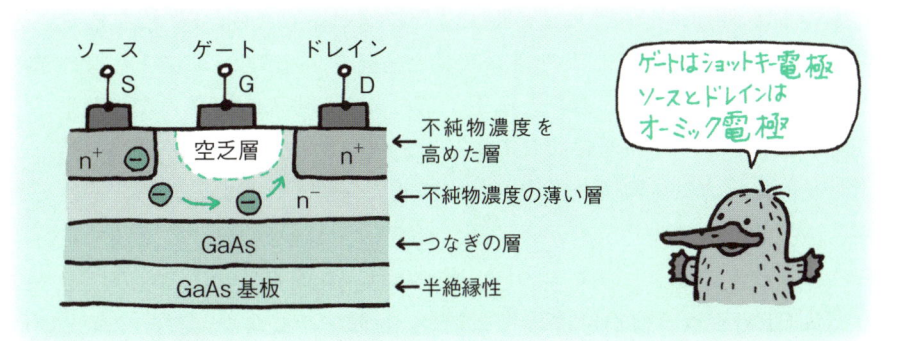

（ソースS／ゲートG／ドレインD、n+、空乏層、n−、GaAs、GaAs基板、不純物濃度を高めた層、不純物濃度の薄い層、つなぎの層、半絶縁性）

ゲートはショットキー電極
ソースとドレインはオーミック電極

❗ ショットキー電極とオーミック電極

金属を半導体表面に接触させると、電気は一方向に流れやすくなります。このような整流作用が生じるのは、金属と半導体の界面に電気的な壁（モデル提唱者にちなんでショットキー障壁と呼ぶ）ができるためで、このような電極をショットキー電極と呼びます。

ショットキー接触の壁を低くしたり薄くすることで電流と電圧の向きや大きさに関係なくその接触界面で電圧＝電流×抵抗で表される関係が成り立つオーミック接触と呼ぶ接触が作れます。オーミック接触の電極をオーミック電極と呼びます。

半導体を用いたデバイスでは、ショットキー電極もオーミック電極も重要な役割をする電極です。化合物半導体では、主にショットキー電極をゲート電極に用いたMESトランジスターが作られています。

2⑪ 高電子移動度トランジスター (HEMT)

1989年、富士通研究所のグループにより提案され、トランジスター動作が実証されたのが**高電子移動度トランジスター HEMT**（High Electron Mobility Transistor）です。

HEMTはガリウムヒ素（GaAs）基板の上に、ガリウムヒ素バッファー層を形成して表面をきれいにならしてから、その上にチャネルとなる高純度なガリウムヒ素層とn形アルミニウムガリウムヒ素（AlGaAs）層を順に積み重ねて作ります。するとガリウムヒ素とn形アルミニウムガリウムヒ素のヘテロ接合界面には、伝導帯と価電子帯のエネルギーレベルのずれが生じて三角ポテンシャル井戸と呼ばれる電子のたまり場ができます。この三角ポテンシャル井戸は不純物添加領域とは空間的に分離されているため、そこに落ち込んだ電子（二次元電子ガス）は、不純物の邪魔を受けずに高速で走行することができます。このようにして電子移動度を向上させることができることからHEMTの名前が付けられました。n形アルミニウムガリウムヒ素層を電子の供給層、ガリウムヒ素層を電子の走行層などと呼んでいます。

HEMTの大きな特長は低雑音特性です。たとえばBSパラボラアンテナの低雑音アンプに使われていますが、このトランジスターの性能が向上したおかげで、今ではパラボラアンテナの直径が小さくなりました。さらにHEMTのガリウムヒ素チャネルをインジウムガリウムヒ素（InGaAs）に変えることによって、より大きな電子移動度を実現したHEMTは、**シュードモルフィックHEMT**（略してp-HEMT）と呼ばれて実用化されています。

なお、ガリウムヒ素基板のほかにインジウムリン（InP）基板を用いたインジウムリン系HEMTや、チャネル層に窒化ガリウムを用いた窒化ガリウム（GaN）系HEMTもあります。インジウムリン系HEMTの場合には、電子供給層にn形インジウムアルミニウムヒ素（InAlAs）層、電子走行層にインジウムガリウムヒ素層を用います。電子移動度や電子濃度も大きく、

> **解説** **シュードモルフィック**：擬格子整合。格子定数が異なる結晶間に、ごく薄いバッファー層を設けることで、擬似的に格子を整合させる手法。

HEMT構造ではもっとも高速性能を持っています。

窒化ガリウム系HEMTは炭化シリコン（SiC）基板やサファイア基板を用いて、電子供給層にn形窒化アルミニウムガリウム（AlGaN）、電子走行層に窒化ガリウムや窒化インジウムガリウム（InGaN）を用いた構造を持っています。100ボルト以上の耐圧を持つことから、携帯電話の基地局用パワーアンプとして期待されています。

化合物半導体では、シリコントランジスターのMOS構造におけるシリコン酸化膜（SiO_2）のような良好な絶縁材料がなかったことから、それを補うために化合物半導体特有のヘテロ接合を用いたHEMT構造が発明されたわけです。

図2-11a　ガリウムヒ素HEMTの構造

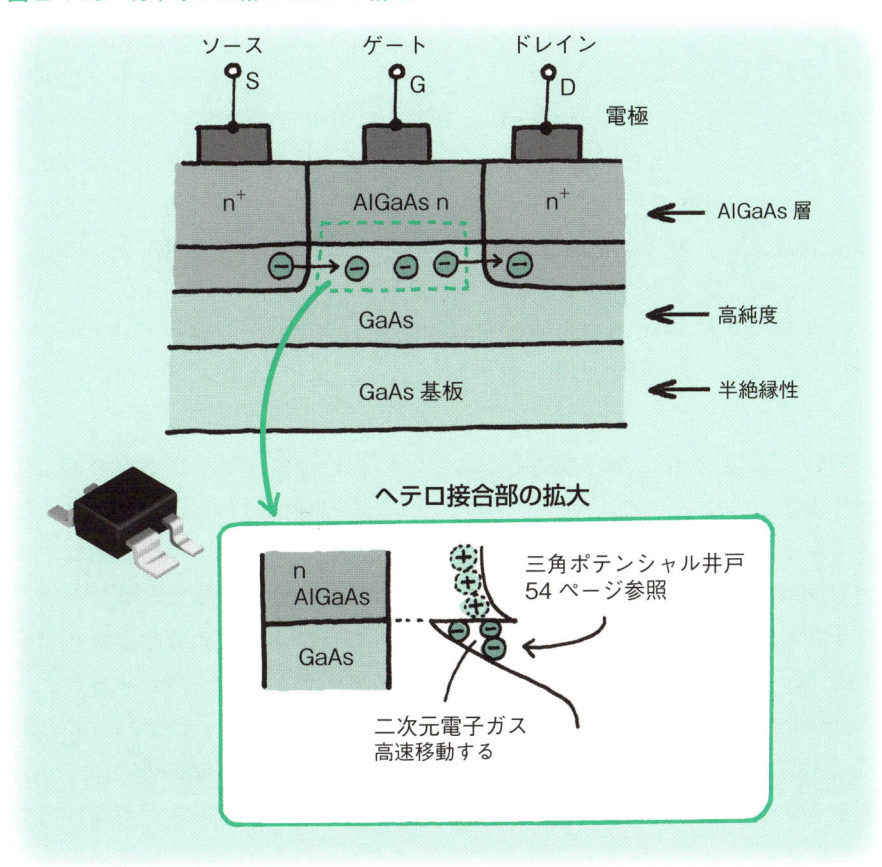

2⑫ ヘテロ接合バイポーラトランジスター (HBT)

　ヘテロ接合バイポーラトランジスターは、その頭文字を取ってHBTと呼ばれます。HBTは1982年にアメリカのクレーマーによって提案され、バイポーラトランジスターのエミッター層をベース層よりもバンドギャップの大きな半導体材料で形成して、エミッターの注入効率を増大させ、電流増幅率の向上を狙った素子です。

　HBTの基本的な動作原理は、エミッター、ベース、コレクターにホモ接合を用いるシリコンバイポーラトランジスターと同じです。npn形ガリウムヒ素（GaAs）系HBTでは、エミッターにバンドギャップの大きなアルミニウムガリウムヒ素（AlGaAs）を、ベースはバンドギャップの小さなガリウムヒ素を用いてヘテロ接合が作られています。このヘテロ接合ではn形アルミニウムガリウムヒ素とp形ガリウムヒ素の間にエネルギーの段差が生じます。この段差のためにベース領域からエミッター領域に注入される正孔の量が減少し、エミッター注入効率が向上します。HBTもHEMTのようにガリウムヒ素基板の上にn形ガリウムヒ素コレクター層、p形ガリウムヒ素ベース層、n形アルミニウムガリウムヒ素エミッター層をエピタキシー成長（128ページ参照）させ、層ごとにエッチング（136ページ参照）してそれぞれの電極を形成します。

　HBTは提案されてからも長くは信頼性の課題があって、なかなか実用化が進まなかったトランジスターです。しかし、携帯電話の高出力アンプに適していることから急速に実用化が進みました。中でも、エミッター層にアルミニウムガリウムヒ素の代わりにガリウムヒ素に格子整合するインジウムガリウムリン（InGaP）を用いたインジウムガリウムリン／ガリウムヒ素系HTBは、アルミニウムガリウムヒ素に比べてさまざまな利点があることから、線形性を必要とする携帯電話の端末に使われています。光通信応用では、超高速動作を必要とするためにインジウムリン（InP）基板を用いたインジウムリン系HBTも開発され、40ギガbps（ビットパーセコント＝1秒あたりの伝送ビット数）以上の超高速光伝送システムに使用されています。

図2-12 ヘテロ接合バイポーラトランジスター（HBT）の構造

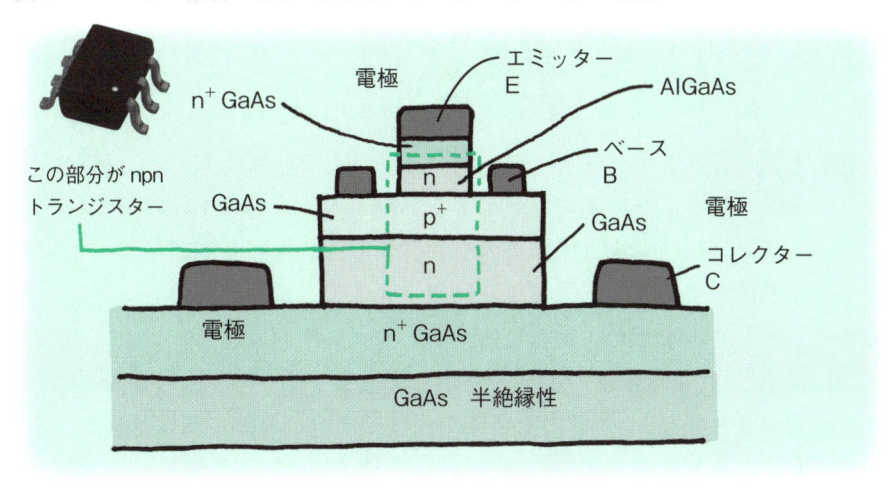

（図：HBT構造の断面図。n⁺ GaAs、電極、エミッター E、AlGaAs、ベース B、GaAs、p⁺、n、コレクター C、GaAs 半絶縁性などのラベルあり。左側に「この部分がnpnトランジスター」と注記）

❗ 格子定数と格子整合

　結晶は単位格子と呼ばれる最小単位が積み重なってできています。単位結晶は、平行六面体をしていて、図のような角の1点における3辺a、b、cとそれぞれの挟角α、β、γを格子定数といい、格子定数がわかればその単位格子の大きさと形が決まります。また、立方晶（a=b=c、$\alpha = \beta = \gamma = 90°$）では、格子定数といえば$a$を指します。

　異なった2種類の半導体結晶を積み重ねるとき、両者の格子定数が同じか近ければ、その境界面はきれいにつながりますが、格子定数が異なると、その境界面には歪み（**転位**）ができてしまいます。このとき前者を格子整合といい、後者を格子不整合といいます。半導体のヘテロ接合において格子不整合は特性の低下を招く原因になります。

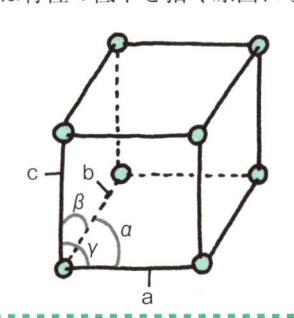

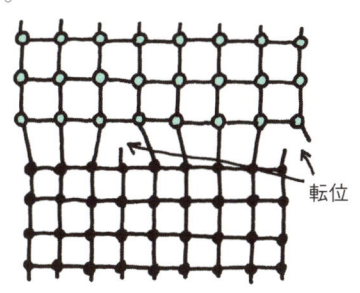

（図：左は単位格子の平行六面体、辺a、b、cと角α、β、γを示す。右は格子不整合による転位の模式図）

2-13 需要急伸中！パワー半導体

　前節までで説明した各種のトランジスターは、ディスクリート（個別）半導体のなかでも主に低電圧で電気信号を制御するための電子回路用デバイスです。これに対して、高電圧で電力を制御するための電気回路用デバイスが**パワー半導体**です。以前は、電子回路用を弱電用、電気回路用を強電用と表現することもありました。

　1970年代、半導体を電力制御に利用しようというパワーエレクトロニクスの研究が盛んになり、大電力を扱うためのパワー半導体が開発されました。

　たとえば、それまでの電車の速度制御は、抵抗を使って電力を熱消費させてモーターに供給する電力を制御していましたが、半導体デバイスのサイリスタで電力制御ができるようになったおかげで、抵抗で発熱させる必要がなくなり、暑かった地下鉄のトンネル内が涼しくなったのがこの時代です。

　パワー半導体の主な機能は、大電流の整流とスイッチングです。交流電源を直流に変える**コンバータ**と直流電源を交流に変える**インバータ**、直流電圧の変圧（昇圧と降圧）、交流電源の周波数変換などでパワー半導体が大きな役割を担っています。

　パワー半導体は、交通機関の電力制御や、周波数の異なる電力系統間の電力融通など、社会インフラを支える分野で活躍していますが、近年では、太陽光発電や燃料電池といった直流発電システムでつくった電力を、従来の交流配電網に流すためのインバータ装置や、電気自動車の電力制御など身近なものへの需要が高まっています。

　パワー半導体に求められるものは、どれだけの大電力に耐えられるかという点です。大電圧、大電流でどれだけ高性能な整流やスイッチング特性を維持できるかが研究課題です。さらに、電力ロスが少ないことや、小さな信号で大電力を制御できることも重要になります。そのために、シリコン材料だけでなく、SiC（炭化ケイ素）やGaN（窒化ガリウム）などの化合物半導体材料を用いたパワートランジスターの研究が進んでいます。

図 2-13a　パワー半導体の役割
パワー半導体は、大電流の整流とスイッチングが大きな役割だ。その機能を使って負荷に供給する電力を制御する。

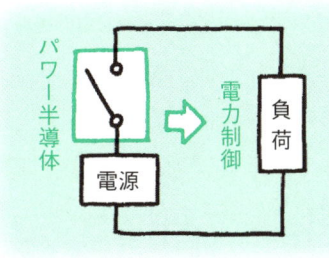

■パワー半導体デバイスの4大用途

応用回路	役割
コンバータ（整流）	交流を直流に変換
インバータ	直流を交流に変換
電圧変換	直流を昇圧・降圧
周波数変換	交流の周波数を変換

図 2-13b　パワー半導体の分類
取り扱う電力や求められる動作速度など、用途によってデバイスが使い分けられている。

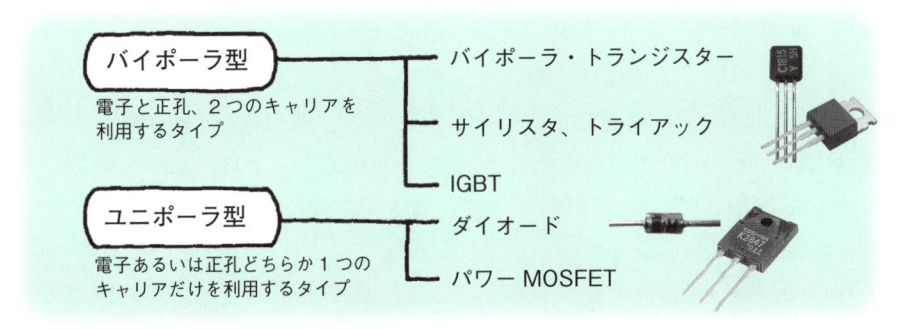

バイポーラ型　電子と正孔、2つのキャリアを利用するタイプ
- バイポーラ・トランジスター
- サイリスタ、トライアック
- IGBT

ユニポーラ型　電子あるいは正孔どちらか1つのキャリアだけを利用するタイプ
- ダイオード
- パワー MOSFET

図 2-13c　パワー半導体の活躍領域
パワー半導体は、グリーン電力の普及や、ハイブリッドカー、燃料電池などの利用拡大を受けて活躍領域が広がっている。

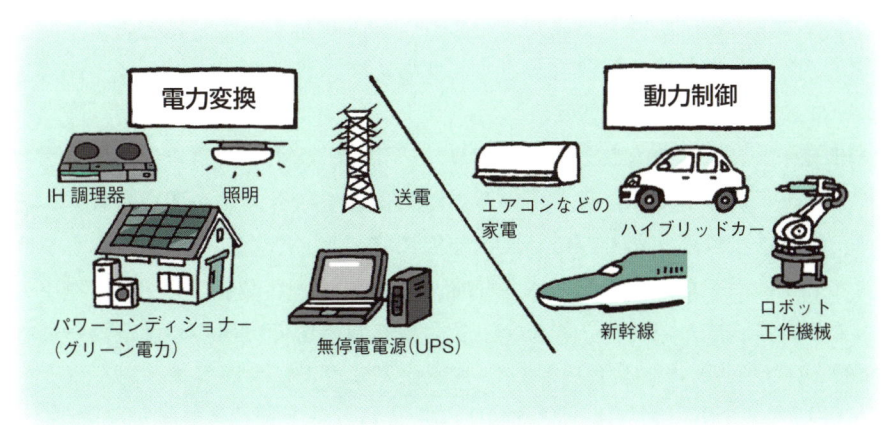

電力変換
- IH調理器
- 照明
- 送電
- パワーコンディショナー（グリーン電力）
- 無停電電源(UPS)

動力制御
- エアコンなどの家電
- ハイブリッドカー
- 新幹線
- ロボット工作機械

2-14 パワー半導体の重要特性「耐圧」と「オン抵抗」

　パワー半導体は、電力を制御する目的から、高電圧あるいは大電流を扱う回路で用いられます。そのため、どのくらいの電圧・電流に耐えうるかという電気的特性（**耐電圧、耐電流**）が求められます。ここでいう耐電圧・耐電流は、これを超えると壊れてしまう物理的限界値ではなく、常にその電圧を印加して電流を流し続けても動作に支障がない値のことで、これを**定格電圧**あるいは**定格電流**といいます。ただ、定格電流が小さい場合はデバイスを複数個並列につないで1つのデバイスに流れる電流を抑えて使えばよいので、パワー半導体では主に定格電圧のほうが着目されます。

　たとえばパワー半導体に求められる耐圧は、利用場所によって異なり、屋内のコンセントから給電して使用する機器なら、使用電圧が300V以下（通常は150V以下）ですから、それが目安になります。また、高圧配電網に使用するなら6,600Vが目安になり、特別高圧送電網なら7千V超、数万Vといった耐圧が求められます。

　さらにパワー半導体では、発熱による電力損失やそれによる動作不安定も問題になります。ここで重要視されるのが**オン抵抗**です。オン抵抗は半導体の動作時の入力抵抗で、オン抵抗が大きいと、電流が流れたときに発熱して電力をロスします。また、発熱によって動作が不安定になり、さらに寿命も縮めるため信頼性が低下します。つまり、オン抵抗が小さいほど省エネで信頼性が高く、また放熱装置も小さくてすむので、装置の小型軽量化が図れるというメリットが生まれます。

　耐圧とオン抵抗の改良を図るアプローチには、素子の構造を工夫する方法と、特性の良い半導体材料を用いる方法の両面で研究開発が進められています。前者は、後述するパワーMOSFETであり、IGBTです。どちらもシリコン半導体ですから低価格・大量生産が可能ですが、現状では300V以下の低電力制御に目的が制限されます。新しい材料の中で実用のめどがたってきたのが、SiC（炭化ケイ素）とGaN（窒化ガリウム）半導体で、耐圧はシリコンの10倍、電力損失は100分の1に抑えられると期待されています。

図 2-14a　パワー半導体に求められる耐電圧
使用場所によってパワー半導体に求められる耐圧は大きく異なる。

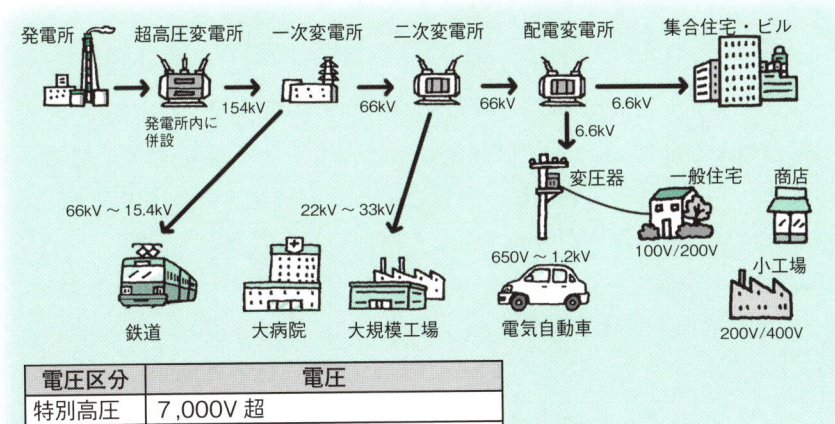

電圧区分	電圧
特別高圧	7,000V 超
高圧	7,000V 以下
低圧	交流 600V 以下、直流 750V 以下
	300V 以下
	150V 以下

図 2-14b　半導体のオン抵抗
スイッチが閉じているときには、スイッチ電極間電圧はゼロであるのが理想だが、半導体では電位差が生じてしまう。その電位差（電圧降下）を発生させる要因がオン電圧。

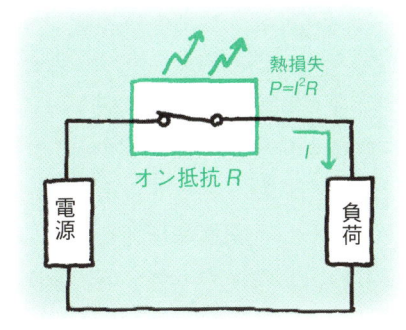

熱損失 $P=I^2R$

図 2-14c　耐圧とオン抵抗の改良法
耐圧とオン電圧の改良法には、デバイスの構造を変える方法と、使用する材料を変える方法がある。

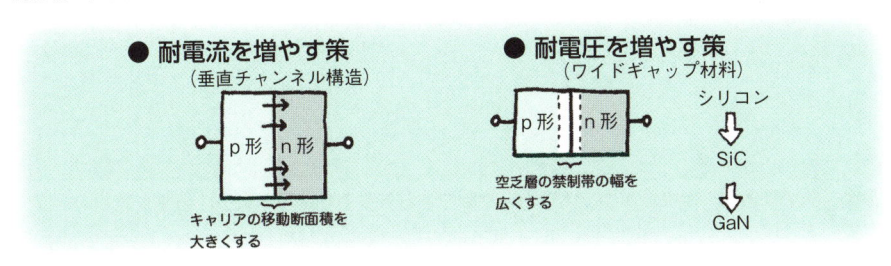

● 耐電流を増やす策
（垂直チャンネル構造）
キャリアの移動断面積を大きくする

● 耐電圧を増やす策
（ワイドギャップ材料）
空乏層の禁制帯の幅を広くする

シリコン ⇩ SiC ⇩ GaN

2-15 大電流を整流・制御するサイリスタ

　パワー半導体として最初に登場したのが**サイリスタ**です。SCR と表記される場合もありますが、SCR は開発した米ゼネラル・エレクトリック社の登録商標です。それまで高電圧の整流器として使われていた水銀整流器より信頼性が高く、取り扱いが容易であるため、急速に普及しました。

　構造的には、pnp トランジスターと npn トランジスターを組み合わせた、npnp の 4 層構造でできています。

　図 2-15a でわかるように、サイリスタにはダイオードと同じく電流が流れ込む電極をアノード、流れ出る電極をカソードと呼びます。そして、出力を制御するための電圧信号を加える電極がゲートです。

　サイリスタでは、アノード－カソード間が順方向電圧のときには、ゲートに正電圧がかかった瞬間にアノードからカソード方向に電流が流れはじめ（オン状態）、ゲートの電圧がなくなってもその電流は流れ続けます（ラッチ状態）。そしてアノード－カソード間が逆方向電圧になって流れ込む電流がなくなると最初の状態に戻り、このときゲートに正電圧が加えられても電流は流れません（逆阻止状態）。そして次にアノード－カソード間が順方向電圧になっても、ゲートに正電圧が加わるまで電流は流れません（オフ状態）。

　ですから、交流や脈流が流れる回路の途中にサイリスタを入れておけば、波形の任意の位置でゲートに瞬間的な電圧を加えることで電流量（電力）が制御できるのです。

　ただし、サイリスタは動作速度が速くできない上に、オン抵抗も大きいので、電車などの直流同期モーターの制御のほか、身近なものでは、照明の明るさを調節する調光器や、電気コタツの温度調整など、主に低電圧回路での電力制御に利用されています。

解説　**サイリスタ**：微小な電力で大電力を制御できる真空管サイラトロンに由来する。
SCR：silicon controlled rectifier（シリコン制御整流器）。

図 2-15a　サイリスタの構造と図記号

サイリスタは、pnp トランジスターと npn トランジスターを組み合わせたものと考えてよい。サイリスタの登場で、電力制御時の熱損失が改善された。

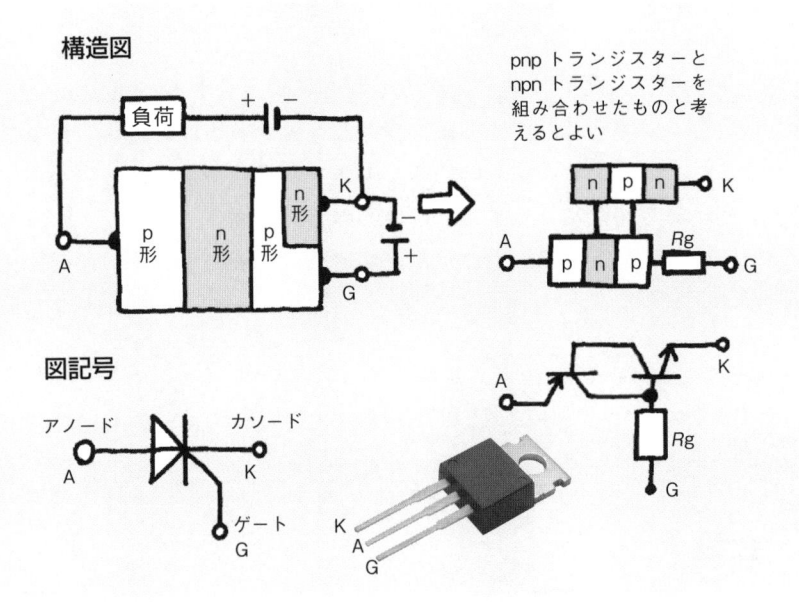

図 2-15b　サイリスタの動作

サイリスタは通常は電流を流さないが、ゲート電極に正の電圧が加わると、ダイオード動作をはじめる。ゲート信号のタイミングを変えれば負荷の電力制御が行える。

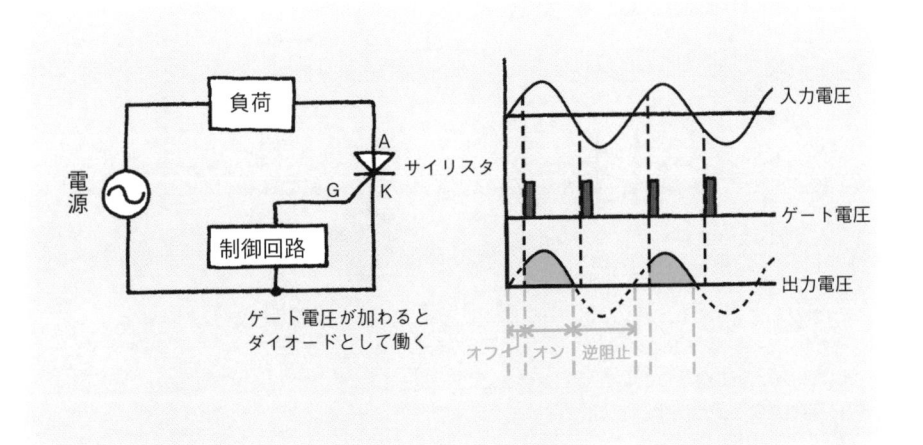

2-16 交流電力が制御できる トライアック (TRIAC)

　トライアックは、サイリスタ2個を逆向きに組み合わせてnpnpnの5層構造にしたものです。これによって、サイリスタが正方向の電流しか制御できないのに対して、正負いずれの向きでも電力制御ができるようになっています。これが双方向サイリスタと呼ばれるゆえんです。
　ゲートに負の制御電圧を加えれば電流が流れはじめ、入力電圧がゼロになると出力は止まります。

図2-16a　トライアックの構造と図記号
トライアックは、サイリスタ2個を組み合わせたものと考えてよい。入力電圧の正負に関係なく電力を制御できる。

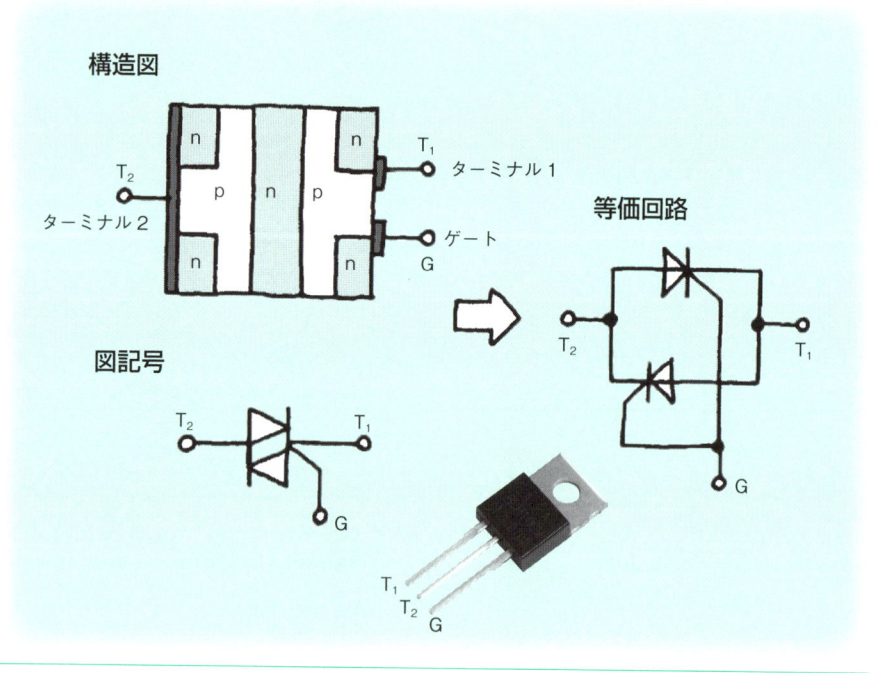

解説 **TRIAC**：triode AC switch

図2-16b　トライアックの動作と活用例
入力電圧と同じ極性の電圧をゲートに加えると、電流が流れはじめ、入力がゼロになったところで出力もゼロになる。

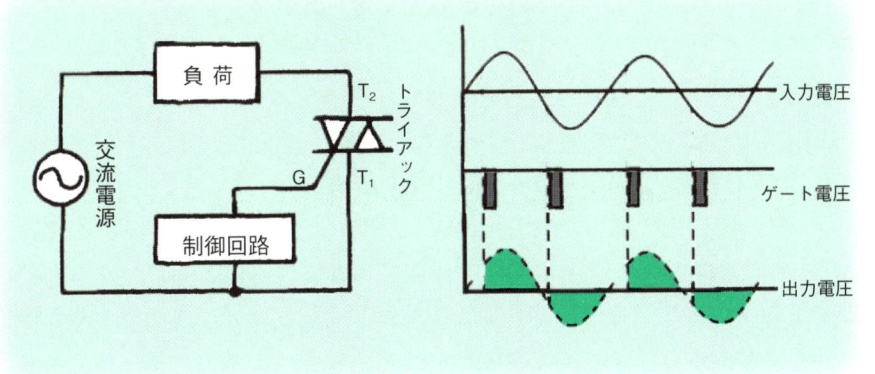

❗ 大電力制御向け GTO サイリスタ

　サイリスタは、入力に順方向電圧がかかっていれば、いったんオンになってしまうとそれを自分でオフにすることはできません。そこで、サイリスタの構造を工夫して、ゲート－カソード間に逆電圧をかけることで出力がオフになるようにした**自己消去型サイリスタ**が開発されました。それがゲート・ターンオフ（GTO）サイリスタです。

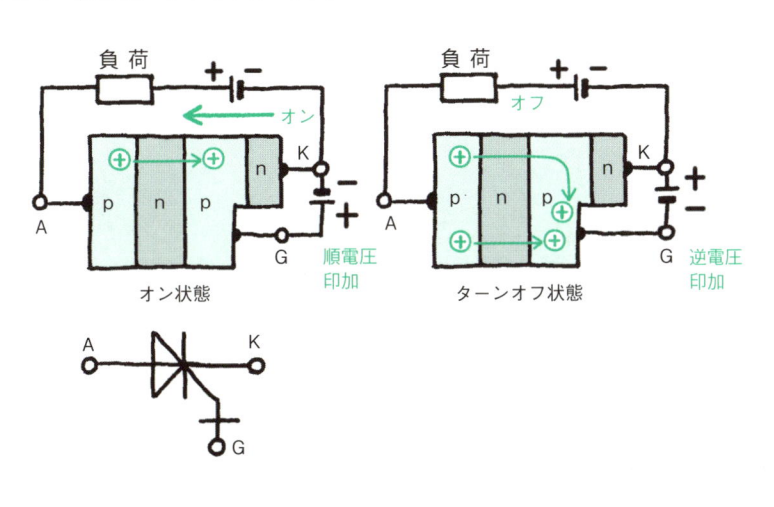

2-17 大電力トランジスター パワーMOSFET

交流電源から供給される電力を制御するサイリスタとトライアックに対して、DC-DCコンバータやインバータなどで直流電力のスイッチングデバイスとして利用されるのが**パワーMOSFET**です。

パワーMOSFETは、小電力用のMOSFETと異なり、キャリアの移動領域であるチャンネルがチップの水平方向ではなく、垂直方向につくられています。こうすることでチャンネル断面が大きくなって大電流が流せるようになるのです。さらにより多くの電流が流せるように、電子をキャリアとするnチャンネルの**エンハンスメント型**がよく使われます。エンハンスメントとは、ゲート電圧が印加されないとチャンネルに電流が流れないもので、**ノーマリーオフ型**ともいいます。

また、ゲート部がチップの表面方向にある**プレナーゲート**と、垂直方向に形成されている**トレンチゲート**の2タイプがあり、オン抵抗を小さくするときはトレンチタイプが、耐電圧用にはプレナータイプが採用されます。

なお、パワーMOSFETで実現できる耐圧は、数kVA以下とそれほど大きくできないため、高速動作でなおかつ大きな耐圧が必要なときには、後述するIGBT（絶縁ゲート型バイポーラトランジスター）が使われます。

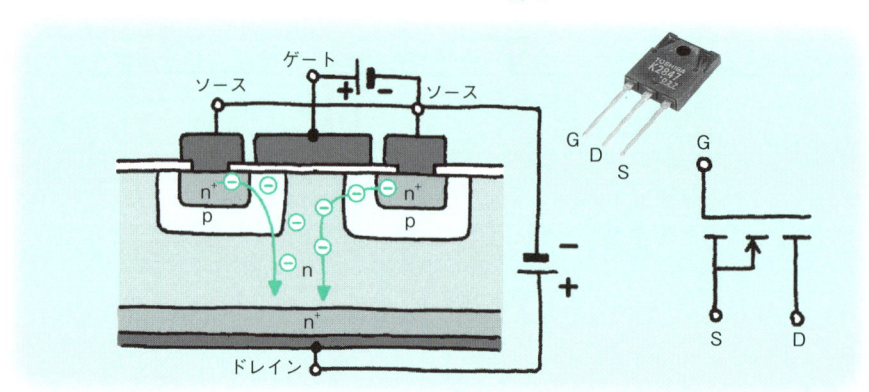

図2-17a　プレナーゲート型パワーMOSFETの構造

図2-17b　トレンチゲート型パワー MOSFET の構造

トレンチ型のゲートは、チップの垂直方向につくられているので、ソース - ドレイン間のオン抵抗が低く抑えられる。

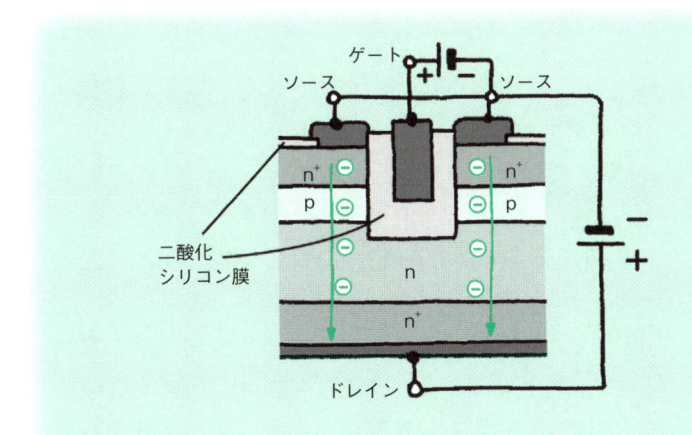

❗ パワー MOSFET のおかげで、AC アダプターが小さくなった

　電子機器の電源といえば、大きくて重いものという印象がありましたが、最近の AC アダプターや充電器は小型化が進んでいます。小型化が可能になった最大の理由は、パワー MOSFET によってスイッチング電源の採用が容易になったためです。家庭用電圧を高速でスイッチングできるので、従来のリニア電源に使われていた大きな変圧器が不要になったのです。

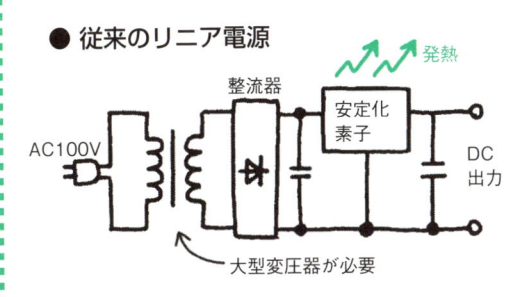

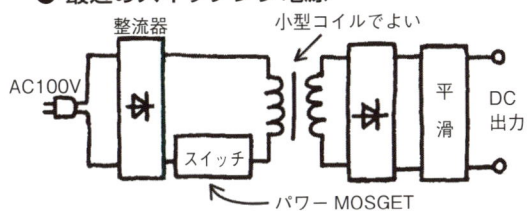

2-18 高耐圧用パワー半導体 IGBT

 大電圧でも高速なスイッチング動作が必要な場所では、**IGBT（絶縁ゲート型バイポーラトランジスター）**が使用されます。

 図2-18aで示すように、IGBTはnチャンネルエンハンスメント型MOSFETにpnp形のバイポーラトランジスタを組み合わせた構造をしています。高速スイッチング動作をMOSFET部分で担い、MOSFETに足りない電流容量をバイポーラトランジスター部で補います。

 IGBTの登場で、大電力を高速でスイッチングできるようになり、最近では、ハイブリッド自動車や新幹線のインバータ素子に利用されています。

 ただ、MOSFETなどに比べて構造が複雑になるので、製造工程が複雑になり、コスト高になるという弱みもあります。

図2-18a　IGBTの構造と図記号
IGBTは、nチャンネルエンハンスメント型MOSFETにpnp形バイポーラトランジスターを組み合わせた構造になっている。

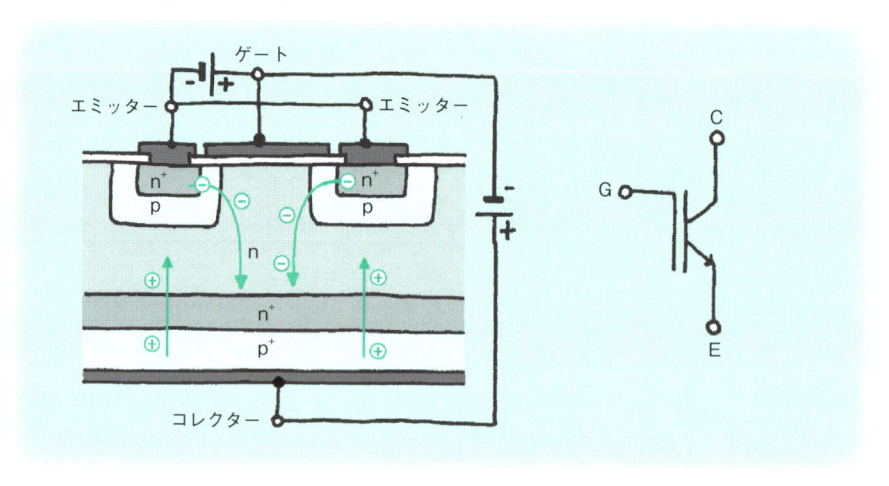

解説　IGBT：Insulated Gate Bipolar Transistorの略。

図 2-18b　IGBT の等価回路

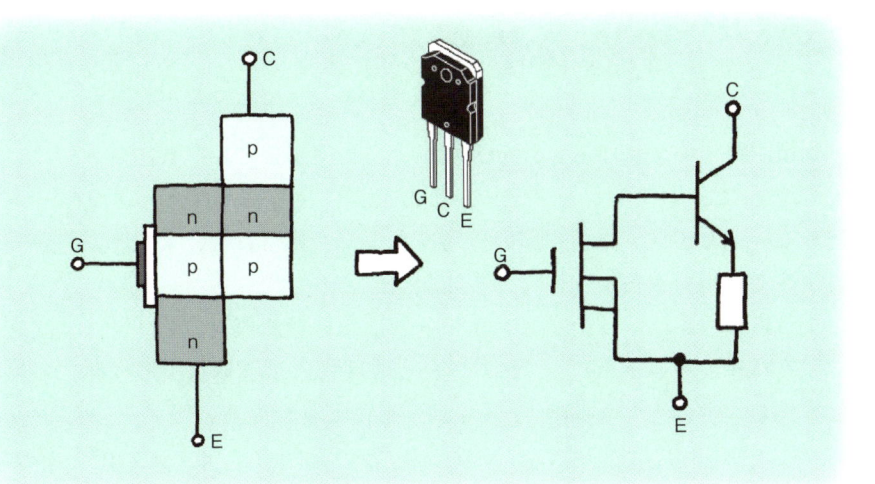

図 2-18c　パワー半導体の利用領域

パワー MOSFET の耐圧は 300V 程度だが、IGBT は MOSFET の高速動作を維持しつつ、数千ボルトの高圧の電力制御も可能になる。

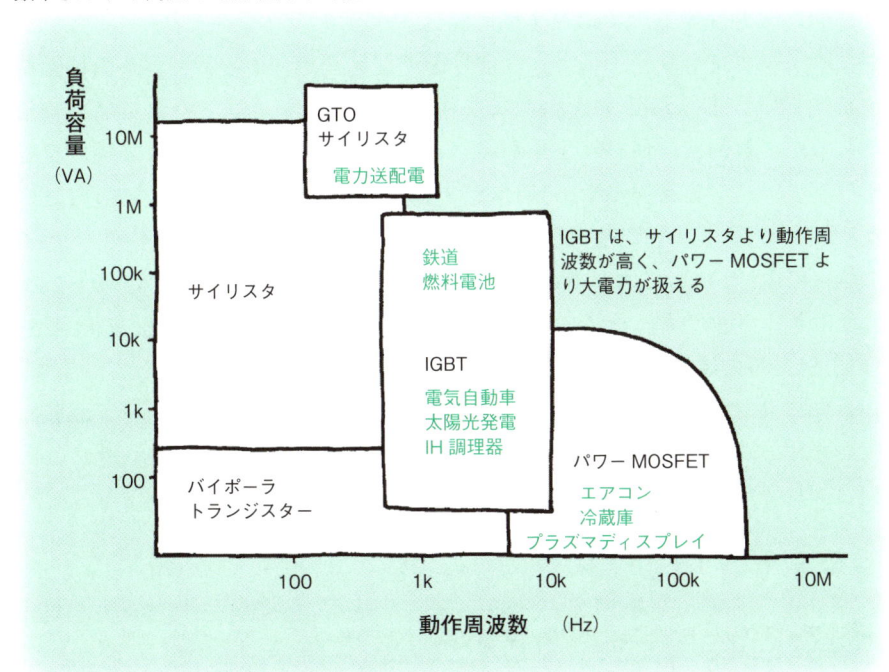

（グラフ）

- 縦軸：負荷容量（VA）
- 横軸：動作周波数（Hz）

- GTO サイリスタ：電力送配電
- サイリスタ
- バイポーラトランジスター
- IGBT：鉄道、燃料電池、電気自動車、太陽光発電、IH 調理器
- パワー MOSFET：エアコン、冷蔵庫、プラズマディスプレイ

IGBT は、サイリスタより動作周波数が高く、パワー MOSFET より大電力が扱える

2⑲ IT時代を支える半導体集積回路

　集積回路（Integrated Circuit インテグレーテッド サーキット）は、その頭文字をとって **IC** といわれます。ICに対して、トランジスターや抵抗器などの単体部品は**ディスクリート**と呼んで区別します。集積回路の登場によって、非常に複雑な電子回路が高い信頼性で実現できるようになりました。

　なお集積回路には、ディスクリート素子を絶縁基板上に貼り付けて配線して作る**ハイブリッドIC**と、ウエハーと呼ばれる半導体基板の表面に不純物を添加したり新しい結晶を作って素子を作りあげて配線した**モノリシックIC**の2つがあります。ただ、一般にICといえばモノリシックICを指すことが多く、ハイブリッドICは、大電力の増幅用に用いられているくらいで、あまり見かけません。

　また集積回路には、演算増幅器（オペレーショナルアンプ）のように信号をアナログ処理する**アナログ集積回路**と、ダイナミックメモリー（DRAM）やマイクロプロセッサーのような信号をデジタル処理する**デジタル集積回路**があります。また、ICの土台になるウエハーは、シリコンの単結晶でできたものが一般的には使われますが、マイクロ波やミリ波のような高周波を処理するアナログ集積回路や、光通信システムの超高速デジタル信号処理には、ガリウムヒ素（GaAs）基板を使った集積回路が製造されています。

　さらにICといっても、その種類によって内部に収容されている素子の集積度はさまざまです。そこで**素子の集積度**によって、**LSI**（**大規模集積回路**）や**VLSI**（**超大規模集積回路**）などのように呼び名を変えて分類しています。

　そしてICは、内部の気密性と機械的強度を保つためにパッケージに収められます。機器組み込み専用ICなどの特殊なものを除いて、一般には図2-19bのような4つの**パッケージ形状**をしています。

解説　**ディスクリート**：discrete。個々に独立したという意味。
　　　モノリシック：1つの（mono）石（lithic）の造語。

図 2-19a　半導体部品の分類

半導体部品は、その形態によって特有の呼び名で区別されている。

集積回路（IC）

ディスクリート部品

トランジスター

ハイブリッド IC の中身

オーディオ用パワーアンプ

モノリシック IC の中身

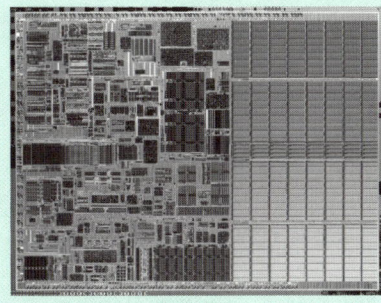

Pentium プロセッサー　写真提供：インテル（株）

素子の集積度による IC の分類

素子数	呼び名	主な用途
100以下	SSI (Small Scale Integration:小規模集積回路)	汎用の論理ゲートICなど
100～1,000程度	MSI (Medium Scale Integration:中規模集積回路)	レジスター、カウンターなど
1,000～10万程度	LSI (Large Scale Intrgration:大規模集積回路)	マイクロプロセッサー、メモリーなど
10万以上	VLSI (Very Large Scale Integration:超大規模集積回路)	大容量メモリーなど

図 2-19b　IC の代表的なパッケージ形状

TO-5型
CAN（キャン）型
とも呼ぶ

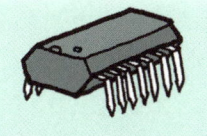

DIP型
Dual Inline
Package の略

SIP型
Single Inline
Package の略

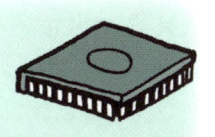

LCC型
Leadless Chip
Carrier の略

2・半導体デバイスの誕生

2⑳ デジタルICの基本はCMOSインバータ

　シリコン集積回路の基本回路は、**CMOSインバータ回路**（論理反転回路）です。Cはコンプリメンタリー（complimentary：相補的）を意味しています。

　CMOSは、pチャネルMOSFETとnチャネルMOSFETを相補うように接続した構造をしています（図2-20a）。そして、pチャネルMOSFET側の電源をVdd、pチャネルMOSFET側の電源をVssのようにしたときに、VddはVssに対して3～15ボルト程度高い電位を持ちます。Aが信号の入力側で、Bが信号の出力側です。

　入力電圧AがVssと同じ電位のときには、pチャネルMOSFETがオン状態になり、nチャネルMOSFETはオフ状態になります。このとき出力側BはVddとほぼ等しくなります。一方、入力電圧AがVddと同じときには、pチャネルMOSFETがオフ状態になり、nチャネルMOSFETはオン状態になります。そうすると出力側BはVssとほぼ同じ電位になります。

　入力電圧AのVssをデジタル信号の"0"に対応させると、出力電圧BのVddは"1"のデジタル信号になり、このようにAからBの関係は、VssからVddに、あるいはVddからVssのように反対の電位が現れることから、「反転する」を表す「インバータ」回路と呼ばれ、**ロジックIC**を設計するときの基本回路になるものです。

　CMOSインバータ回路の大きな特徴は、論理が反転するときにわずかな電流しか流れないので、非常に消費電力の少ない論理回路を構成できることです。MOSFETを微細化することでさらに消費電力を減少させられることから、CMOS回路は超大規模集積回路（VLSI）の製造に適しています。そしてCMOS構造の微細化によって低消費電力とあわせて高速化も図られ、現在では半導体メモリーやマイクロプロセッサなどのロジック回路には、ほとんどCMOS構造が使われています。

> **解説** **ロジックIC**：信号Lを"0"、信号Hを"1"として、"0"と"1"の組み合わせを処理する法則「論理（ロジック）」を電気的に実行するIC。

図 2-20a　CMOS インバータの構造
p チャネルと n チャネルの MOS トランジスターがコンプリメンタリーに構成された CMOS インバータは集積回路の基本素子だ。

● 構造

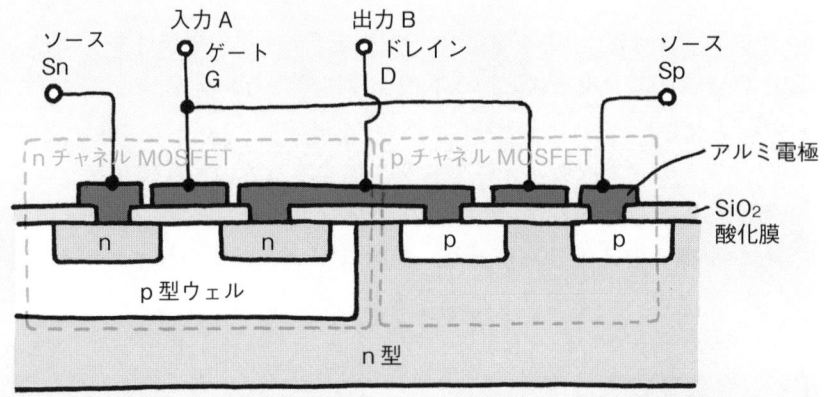

ソース Sn／入力 A ゲート G／出力 B ドレイン D／ソース Sp
n チャネル MOSFET／p チャネル MOSFET
アルミ電極／SiO$_2$ 酸化膜
n／n／p／p
p 型ウェル
n 型

ウェル＝井戸のこと、表面付近に井戸のように深く作られる不純物添加領域

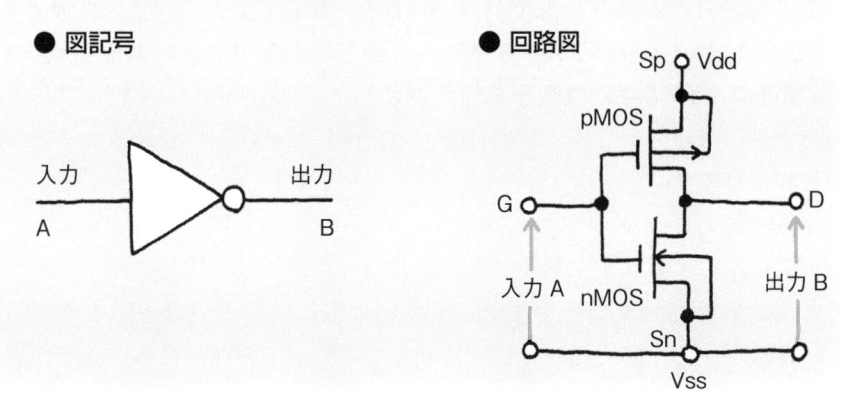

● 図記号

入力 A ─▷○─ 出力 B

● 回路図

Sp ○ Vdd
pMOS
G ○─────○ D
nMOS
Sn
Vss
入力 A　　　出力 B

図 2-20b　CMOS インバータの動作
入力の状態が反転して出力に現れるのがインバータの動作だ。

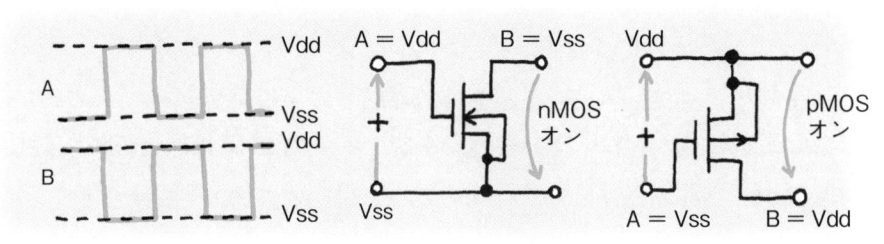

A：Vdd／Vss
B：Vdd／Vss

A = Vdd　B = Vss　nMOS オン
Vss

Vdd　pMOS オン
A = Vss　B = Vdd

2 ㉑ 大規模集積回路（LSI）の種類

素子の数が 1,000 〜 10 万個規模の集積回路が大規模集積回路（LSI）です。LSI を機能別に分類すれば、以下の 4 つに分けられます。

●メモリー

パソコンなどでおなじみの、信号を記憶するための LSI です。

電源を切ると記憶内容が消えてしまう**揮発性メモリー**と、電源を切っても消えない**不揮発性メモリー**があり、前者はパソコンに内蔵される RAM（ランダム・アクセス・メモリー）がその代表格、後者は USB メモリーやデジカメの SD カードなどに使われるフラッシュメモリーがおなじみです。

●マイクロプロセッサー

高度な演算処理機能を持つ LSI がマイクロプロセッサーです。プログラムを外部から読み込み、汎用処理が可能な MPU（マイクロ・プロセッサ・ユニット）と、あらかじめプログラムを書き込んだメモリーや周辺機器の制御回路を内蔵して特定の処理を行う MCU（マイクロ・コントローラー・ユニット）に分けられます。MCU はワンチップマイコン（通称「マイコン」）とも呼ばれます。

● ASIC（エーシック）

携帯電話やデジタル家電など特定用途のために、複数機能の回路を 1 つにまとめて設計された LSI です。メーカーごとに独自の設計を施すので、機能の特徴が出しやすく回路の機密性が保てます。実装面積の縮小や動作速度の向上、省電力が図れるほか、大量生産しやすいなどのメリットがありますが、開発費や開発期間が長くかかり、仕様変更に対応しにくいなどの欠点もあります。

●システム LSI（SOC）

メモリー、MCU、ASIC などを目的に応じて 1 つにまとめてシステム化した LSI がシステム LSI です。電子機器の省エネ化や高機能化が図れます。

> **解説** **SOC**：System On a Chip、1 つのチップ上に必要な機能を集積する設計技法。

図 2-21 大規模集積回路（LSI）の機能別分類

素子の数が 1 千〜10 万個規模の大規模集積回路は、その機能によって大きく 4 つに分類できる。それぞれが IT 技術を支える重要なデバイスだ。

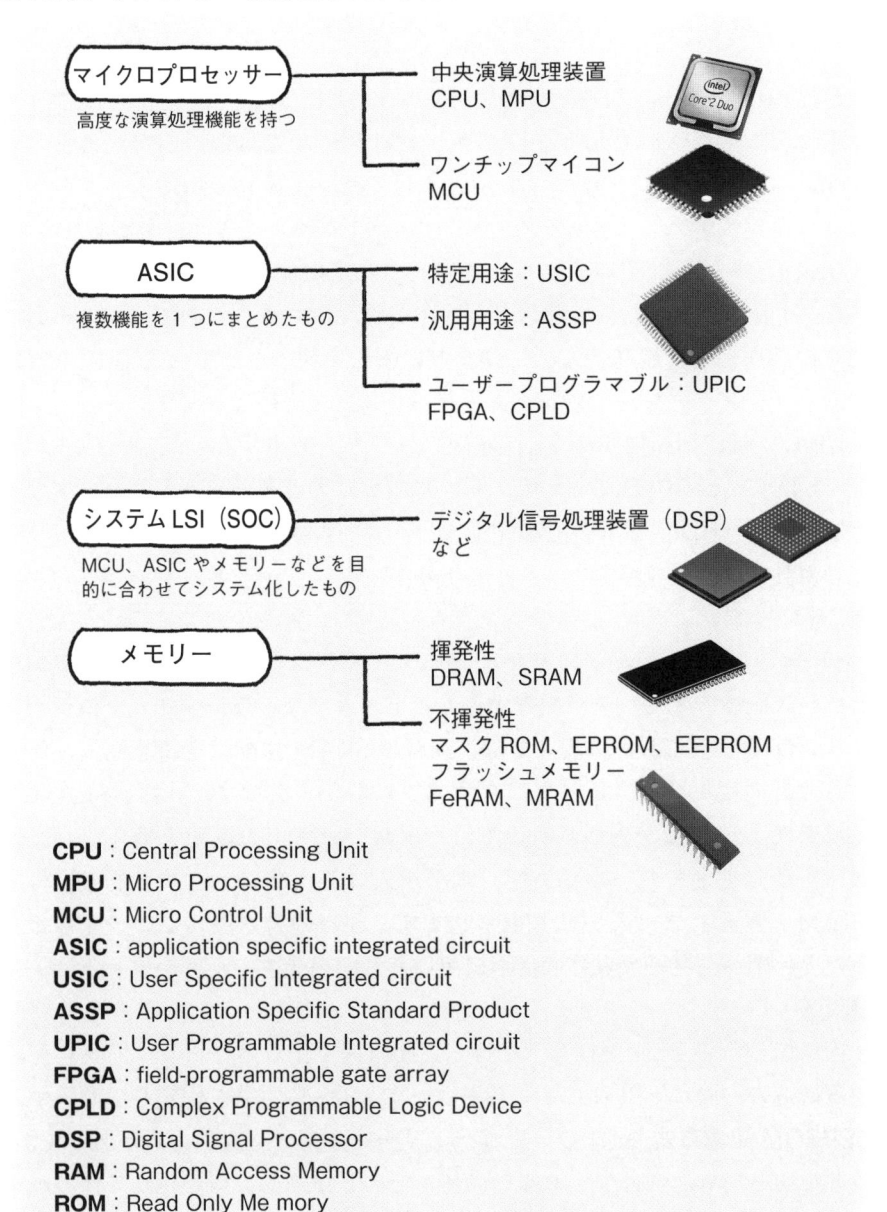

- マイクロプロセッサー（高度な演算処理機能を持つ）
  - 中央演算処理装置 CPU、MPU
  - ワンチップマイコン MCU

- ASIC（複数機能を 1 つにまとめたもの）
  - 特定用途：USIC
  - 汎用用途：ASSP
  - ユーザープログラマブル：UPIC FPGA、CPLD

- システム LSI（SOC）（MCU、ASIC やメモリーなどを目的に合わせてシステム化したもの）
  - デジタル信号処理装置（DSP）など

- メモリー
  - 揮発性 DRAM、SRAM
  - 不揮発性 マスク ROM、EPROM、EEPROM フラッシュメモリー FeRAM、MRAM

CPU：Central Processing Unit
MPU：Micro Processing Unit
MCU：Micro Control Unit
ASIC：application specific integrated circuit
USIC：User Specific Integrated circuit
ASSP：Application Specific Standard Product
UPIC：User Programmable Integrated circuit
FPGA：field-programmable gate array
CPLD：Complex Programmable Logic Device
DSP：Digital Signal Processor
RAM：Random Access Memory
ROM：Read Only Me mory

2-22 ユーザープログラマブル IC

　前述した ASIC には、特定機器を対象とする**USIC**（ユーザー・スペシフィック IC）、ユーザーが手元でプログラムを組み込んで回路機能を決められる**UPIC**（ユーザー・プログラマブル IC）、そして汎用機器用の **ASSP**（アプリケーション・スペシフィック・スタンダード・プロダクト）の 3 種類があります。

　USIC と ASSP はデバイスとして完成すれば機能の変更はききませんが、UPIC は製品となった後で利用者が回路機能を決められるので、システム開発時の試作機や、趣味の電子工作などに幅広く使われます。なお UPIC は、**PLD**（プログラマブル・ロジック・デバイス）とも呼ばれます。

　UPIC には、回路構成の異なる **FPGA**（フィールド・プログラマブル・ゲート・アレイ）と **CPLD**（コンプレックス PLD）の 2 種類があり、ハードウェア記述言語（HDL）で回路を設計して、それで配線を焼き切ったり、メモリーを利用して配線します。

● FPGA

　初期のものは、配線中に置かれたヒューズを焼き切って配線する**アンチヒューズ記憶方式**で、1 回配線すると変更がきかない**ワンタイムプログラマブル（OTP）型**でした。現在では、内蔵の SRAM に配線を書き込み、何度でも設計の変更ができる**リプログラマブル型**が主流です。ただ、SRAM は電源を切ると記憶が失われるので、バックアップ用の電池を備えるか、外部に不揮発性メモリーを備えて、電源を入れるたびにそこから配線情報を SRAM に読み込ませる方法が取られます。配線の書き換えがいつでもできるので、製品開発時の試作設計用に用いられています。

● CPLD

　内部に複数の PLD ブロックを持ち、配線網で任意のブロック同士を配線する構造のものが CPLD です。浮遊ゲート MOS に電荷を固定して配線する**EEPROM 記憶方式**や、フラッシュメモリーを利用する記憶方式があります。電源を切っても記憶は失われないので、そのまま製品に組み込んで使われます。携帯電話機など製品サイクルの短い製品に多く使われています。

図2-22a　ユーザープログラマブルICの概要
プログラムによって内部回路を書き込んで使用するのがユーザープログラマブルICだ。試作機などをつくるのに向いている。

ハードウェア記述言語（HDL）で回路を設計して → *パターンを書き込み* → *回路に組み込む*

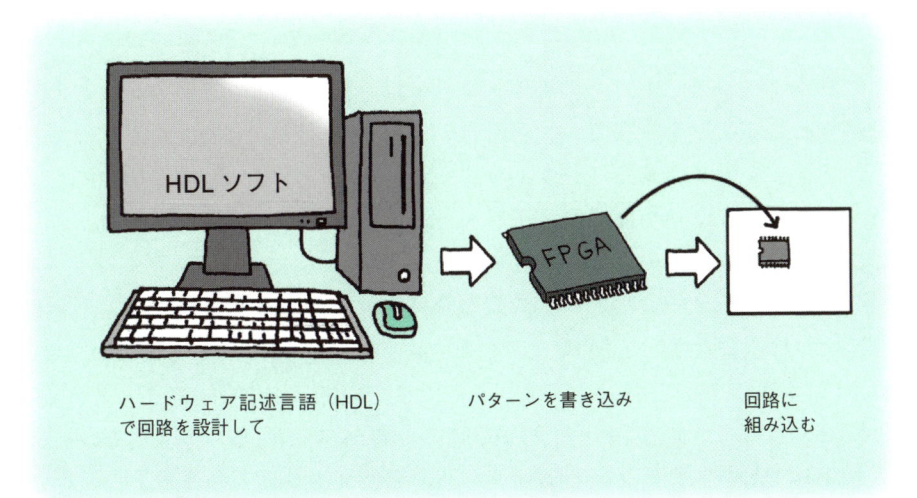

図2-22b　FPGAの設計と実装
FPGAはバックアップ用電源を必要とするが、CPLDはその必要がない。そのため、CPLDは製品サイクルの早いシステムに実装される。

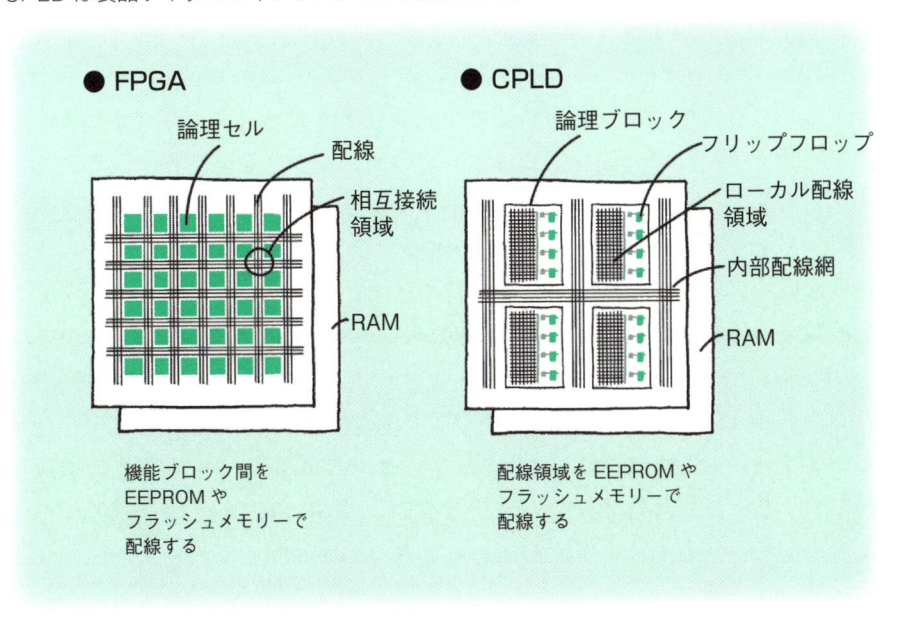

●FPGA
- 論理セル
- 配線
- 相互接続領域
- RAM

機能ブロック間をEEPROMやフラッシュメモリーで配線する

●CPLD
- 論理ブロック
- フリップフロップ
- ローカル配線領域
- 内部配線網
- RAM

配線領域をEEPROMやフラッシュメモリーで配線する

2・半導体デバイスの誕生

2㉓ 半導体メモリーの種類

　半導体デバイスの中でも半導体メモリーは、携帯電話やデジカメなどの記憶媒体として身近な存在です。

　さまざまな半導体メモリーがありますが、大別すると、電源を切っても記憶内容が失われない**不揮発性メモリー**と、電源を切ると記憶内容が失われてしまう**揮発性メモリー**に分けられます。

　不揮発性メモリーは、デバイス製造時にデータが書き込まれ、読み出し専用に使われることから、**ROM**（リード・オンリー・メモリー）と呼ばれます。ROMは本来、後から消去や書き込みができない**マスクROM**を指しますが、紫外線を当てて記憶を消せる**EPROM**や、電気的に消去・書き込みが行える**EEPROM**やフラッシュメモリーも不揮発性メモリに入ります。

　揮発性メモリの代表格は、パソコンの作業用メモリーとして使われるRAM（ランダム・アクセス・メモリー）です。もっとも普及している**DRAM**（ダイナミックRAM）と、低消費電力で駆動する**SRAM**（スタティックRAM）があります。

　DRAMはメモリーセル（記憶単位）がトランジスターとコンデンサが各1個と小さいので、集積度が高くでき、低価格で大容量メモリーがつくれるのが特徴です。ただ、漏れ電流によって時間がたつと記憶情報が失われるため、定期的にデータを再書き込みする**リフレッシュ動作**が必要になります。

　SRAMは、メモリーセルが複数のトランジスターで構成されるため、集積度が低く大容量化が難しい一面を持ちますが、リフレッシュ動作が不要で低消費電力で動くため、携帯電話などのバッテリー駆動機器に用いられます。

　DRAM、SRAMは揮発性メモリーですが、RAMの中には不揮発性をもたせたFeRAM（強誘電体RAM）やMRAM（磁性体RAM）も実用化されています。FeRAMは、DRAMメモリーセルのコンデンサ部を強誘電体材料でつくり、残留極性電圧でデータを保持します。MRAMは、磁性体を記憶素子に使い、素子部に電流が流れるときの磁界の向きでデータを記憶します。

図 2-23　メモリーの種類と特徴

デジタルデータの記憶媒体として欠かせない存在の半導体メモリーには、電源を切るとデータが失われる揮発性と、失われない不揮発性がある。

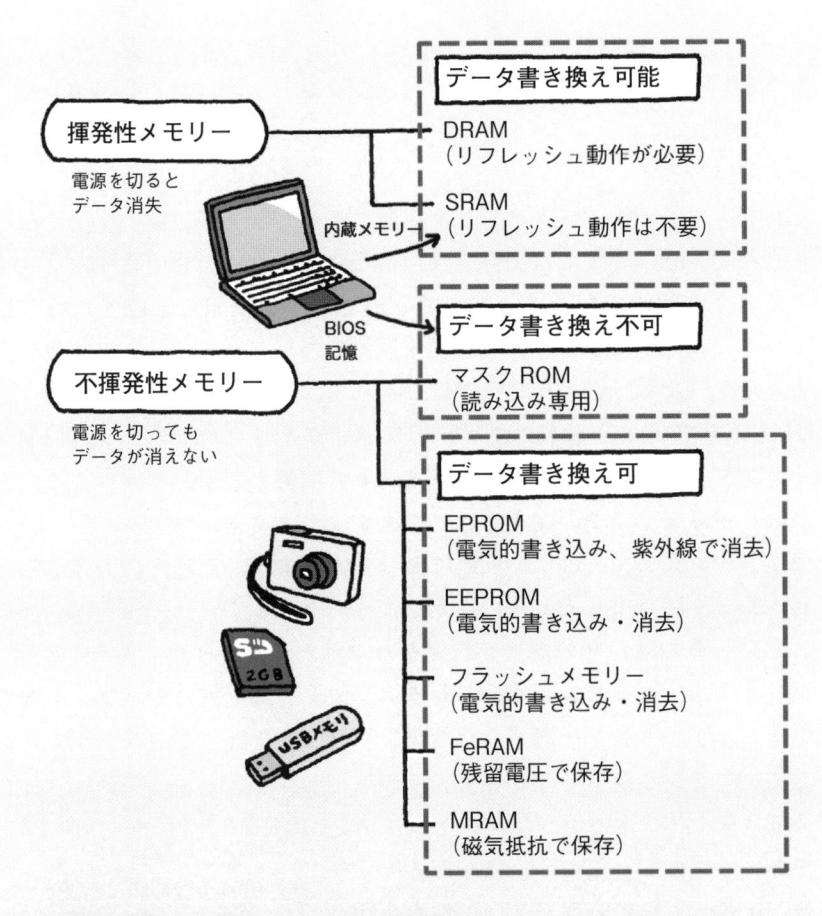

揮発性メモリー
電源を切るとデータ消失

内蔵メモリー

データ書き換え可能
- DRAM（リフレッシュ動作が必要）
- SRAM（リフレッシュ動作は不要）

BIOS記憶

不揮発性メモリー
電源を切ってもデータが消えない

データ書き換え不可
- マスクROM（読み込み専用）

データ書き換え可
- EPROM（電気的書き込み、紫外線で消去）
- EEPROM（電気的書き込み・消去）
- フラッシュメモリー（電気的書き込み・消去）
- FeRAM（残留電圧で保存）
- MRAM（磁気抵抗で保存）

DRAM：Dinamic Random Access Memory
SRAM：Static Random Access Memory
EPROM：Erasable Programmable Read-Only Memory
EEPROM：Electricall Erasable Programmable Read-Only Memory
フラッシュ：flash memory
FeRAM：Ferroelectric Random Access Memory
MRAM：Magnetoresistive Random Access Memory

2-24 半導体メモリーの代表格 ダイナミックRAM

パソコンの主記憶装置などに使われている集積回路の代表格が、ダイナミック・ランダム・アクセス・メモリー（DRAM^{ディーラム}）と呼ばれる半導体メモリーです。DRAMは、コンデンサ（キャパシタ）に電荷を蓄えることによって情報を記録します。

ただし、コンデンサに蓄えられた電荷は時間とともに放電してなくなってしまうため、そのままでは記録された情報は失われてしまいます。それを防ぐために1秒間に何回かデータを読み出して、再び記録し直すための**リフレッシュ**（再充電）という動作を繰り返す必要があります。この特徴からダイナミック（動的）という名前が付けられているのです。

DRAMを構成する基本単位は**メモリーセル**と呼ばれ、トランジスター1個とコンデンサ1個で構成されて1ビットの情報を蓄積します。ここでトランジスターはスイッチの働きをしています。

通常トランジスターはオフ状態になっていますが、データの書き込み、リフレッシュ、読み出しのときにはオン状態になります。

メモリーセルは、その構造から**スタック型**と**トレンチ型**に分類されます。スタック構造はコンデンサ構造をトランジスターの上方にシリコンを堆積させて作ります。トレンチ構造はシリコン基板に溝を掘ってトランジスターの下方にコンデンサ構造を作ります。

メモリーセルはトランジスターとコンデンサがあれば構成できるので、ほかのメモリー構造と比較して集積密度が上げられるメリットを持っています。つまりチップ面積が同じであればDRAMのほうが記憶容量を多くでき、いわゆる1ビットあたりの単価を安くすることができることから、DRAMの価格はどんどん安くなりました。

図2-24a　キャパシタ（コンデンサ）のしくみ
向かい合う電極間に電圧をかけると、静電誘導作用で電極に電荷（キャリア）がたまる。

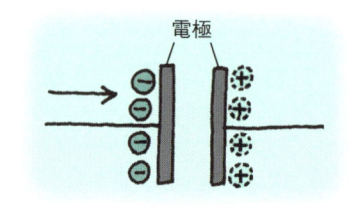

図 2-24b　DRAM メモリーセルのしくみ

ビット線にかける電圧の状態でメモリーセルに 1 と 0 を記憶し、読み取り時にはビット線のわずかな電圧変化で記憶情報を検出する。

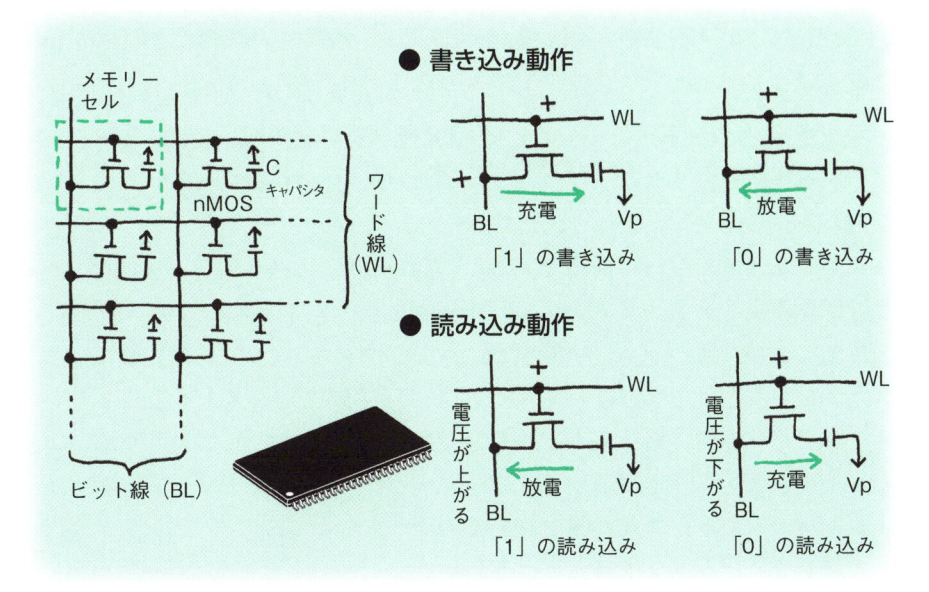

図 2-24c　DRAM の構造

キャパシタ素子をトランジスターの上部につくるスタック型と、シリコン層に溝を掘ってつくるトレンチ型がある。

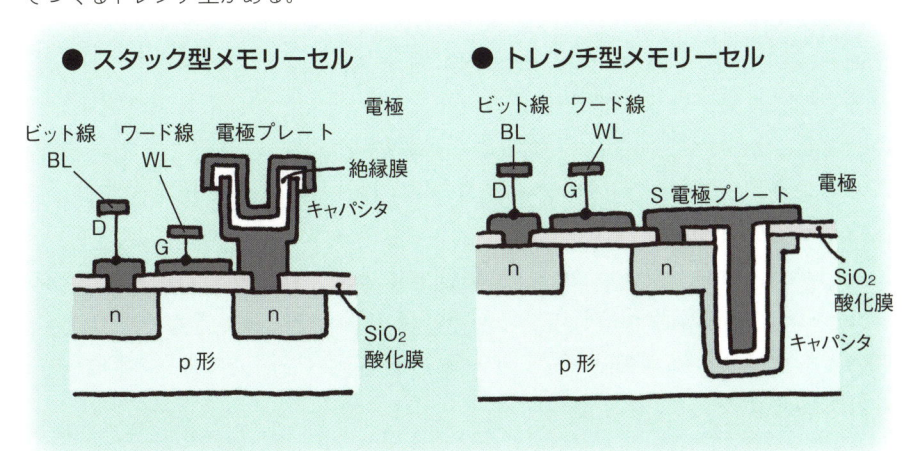

2 ㉕ 記憶が消えない フラッシュメモリー

　半導体メモリーでも、常にリフレッシュが必要な DRAM と違い、電源を切ってもデータが消えないものが**不揮発性半導体メモリー**です。1984 年に東芝から提案されました。**フラッシュメモリー**とも呼ばれ、最近では、手軽に持ち運べる USB メモリーが人気です。

　フラッシュメモリーの構造を見ると、フローティングゲート（浮遊ゲート）と呼ばれる電子を蓄えるコンデンサが内蔵されています。このフローティングゲートは酸化膜（トンネル酸化膜といいます）によって遮断されており、コントロールゲート（制御ゲート）とグランド間の電位差を利用して、フローティングゲート内に電子がトンネル酸化膜を介して出たり入ったりすることでメモリーとして働きます。このようなトンネル効果を **FN**（ファウラー・ノルトハイム）**トンネル効果**と呼んでいます。

　そしてフラッシュメモリーには記憶セルの接続のしかたによって、NAND（ナンド）型フラッシュメモリーと NOR（ノア）型フラッシュメモリーがあります。

　NAND 型フラッシュメモリーでは、データを書き込むためにはコントロールゲート電極の電圧をプラスにします。そうすると、電子がトンネル酸化膜を通り抜けてフローティングゲート内に蓄積されます。この状態を"1"に対応させます。データを消去させるためにはソース－ドレイン間に電圧をかければ電子が抜けていくので、電子のない状態を"0"に対応させています。

　このように、フローテングゲート内の電子は、周りを囲む絶縁体によって保持されているので、電源を供給しなくてもデータを保持することができます。しかし、フローテングゲートに何回も電子を入れたり出したりしていると、そのうちに絶縁膜が壊れて、しまいにはデータを記録できなくなります。このためフラッシュメモリーは、データの書き込みと消去のできる回数が限られています。

図 2-25a　フラッシュメモリーの構造
ゲート電極とチャネル間に導体を設けて、そこに電荷をためて状態を保存できるようにしている。

● 構造

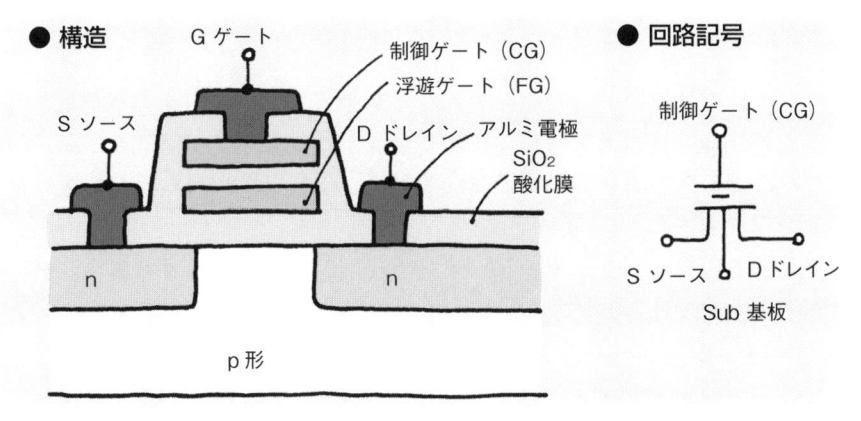

G ゲート
制御ゲート（CG）
浮遊ゲート（FG）
S ソース
D ドレイン　アルミ電極
SiO₂ 酸化膜
n　n
p 形

● 回路記号

制御ゲート（CG）
S ソース　D ドレイン
Sub 基板

図 2-25b　フラッシュメモリーの種類と回路

● NAND 型

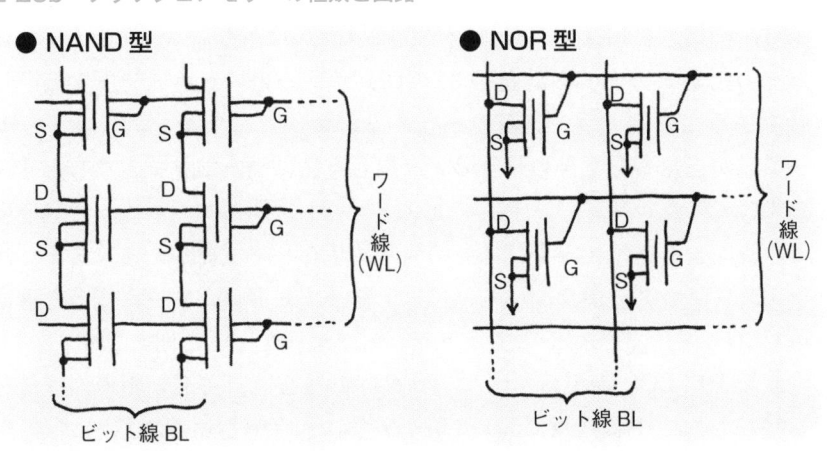

ワード線（WL）
ビット線 BL

● NOR 型

ワード線（WL）
ビット線 BL

図 2-25c　フラッシュメモリーの基本動作

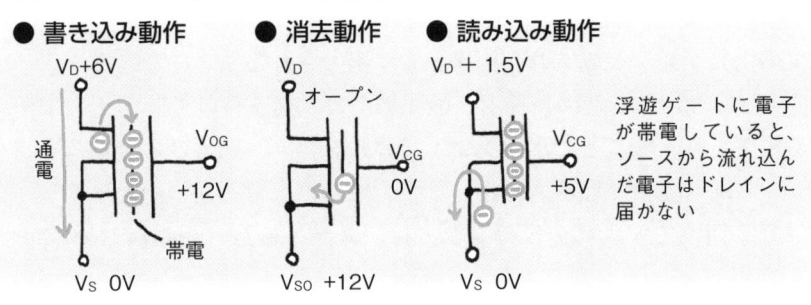

● 書き込み動作
V_D+6V
通電
V_{OG}
+12V
帯電
V_S　0V

● 消去動作
V_D
オープン
V_{CG}
0V
V_{SO}　+12V

● 読み込み動作
V_D + 1.5V
V_{CG}
+5V
V_S　0V

浮遊ゲートに電子が帯電していると、ソースから流れ込んだ電子はドレインに届かない

2 ㉖ イメージセンサーは電子の目

最近注目の集積回路といえば**イメージセンサー**です。**固体撮像素子**と呼ばれ、撮影したい対象物が発した光をレンズなどでセンサーの受光平面に結像させて、その像の明暗を電荷量に変換して、それを順次読み出して電気信号に変換します。

受光素子（フォトダイオード）で発生した電荷を読み出すときに、**電荷結合素子**（**CCD**：Charge Coupled Device）と呼ばれる回路を用いることから、**CCDイメージセンサー**とも呼ばれます。

受光するフォトダイオードと電荷を転送するCCD列はインターライン型構造といって垂直方向に配置され、その垂直転送CCD列と接続するように水平方向に信号を転送するCCDが配置されています。また、フォトダイオードとその画素に対応する垂直CCDの間には、一定のタイミングで開閉して信号を送るための**トランスファーゲート**が置かれています。イメージセンサーに光が当たったときの信号の読み出し方法について見てみましょう。

まず、光のない状態でトランスファーゲートを閉じておきます。光を受けたとき、フォトダイオードには光の明暗に依存して電荷がたまります。次にトランスファーゲートを開けて、フォトダイオードにたまった電荷を垂直転送用CCDに送ります。そこで、トランスファーゲートを閉じます。

垂直転送用CCDの電荷を一マス分だけ転送し、一番端の画素の電荷を各列に接続した水平転送用CCDに送ります。水平転送用CCDには転送用のパルスを送り、それと同期して順次水平画素を読み出します。残った垂直転送CCDについても次々と同じことを繰り返すことによって、エリア内のすべての画素が順次走査され、画像として出力されることになります。

CCDはCMOS構造の一種で、酸化膜上に電極を付けて隣同士の電極に異なる電圧を与えることでポテンシャル井戸を作り、画素ごとの電荷をバケツリレーと同じ要領で順次送り出します。いわば、縦と横のバケツリレーを迅速に行う回路です。ビデオカメラでは、露光・転送・読み出しには毎秒30から60回このような動作を行う必要があります。

図 2-26a　CCDイメージセンサー各部の動作

CCDは半導体基板に電極を並べただけのものだが、フォトダイオードと組み合わせてイメージセンサーとして使われることが多いため、CCDといえばイメージセンサーを指すことが多い。

●イメージセンサー部
- マイクロレンズ
- カラーフィルター
- フォトダイオード
- ⊖キャリアが生じる

CCDイメージセンサー外観

●CCD部
- 電極
- ゲート電極
- SiO_2 酸化膜
- p形シリコン基板
- ポテンシャル井戸

フォトダイオードで生じた電子が酸化膜とシリコン層のポテンシャル井戸にたまる

●トランスファーゲート

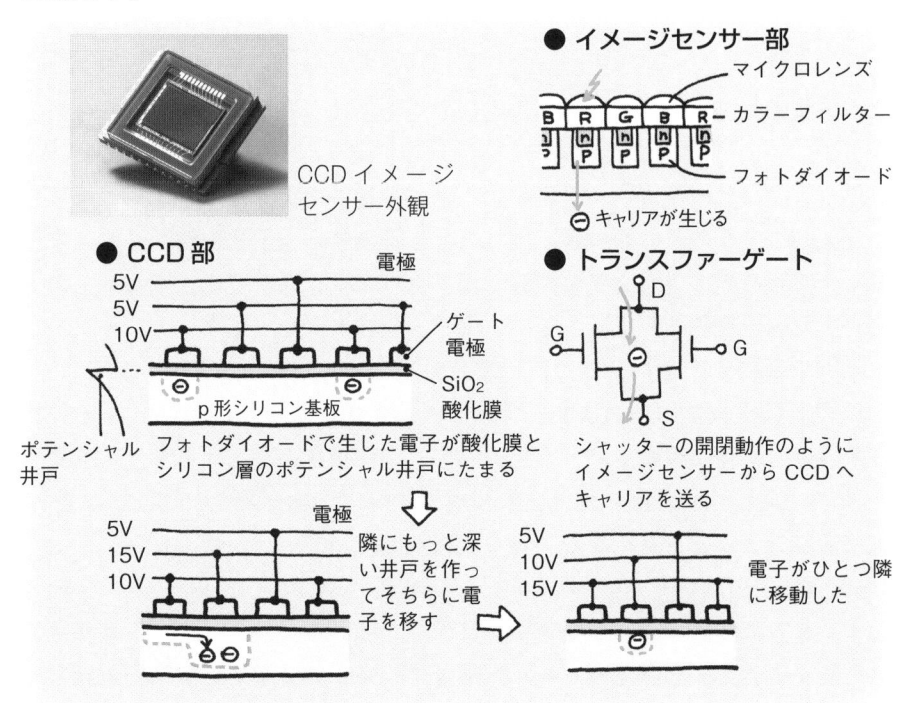

シャッターの開閉動作のようにイメージセンサーからCCDへキャリアを送る

隣にもっと深い井戸を作ってそちらに電子を移す

電子がひとつ隣に移動した

図 2-26b　CCDイメージセンサーの信号の取り出し

CCDで垂直方向から1つずつ送られてきた電荷は、真下の水平走査回路で1ライン分をところてんのように押し出して読み取られる。

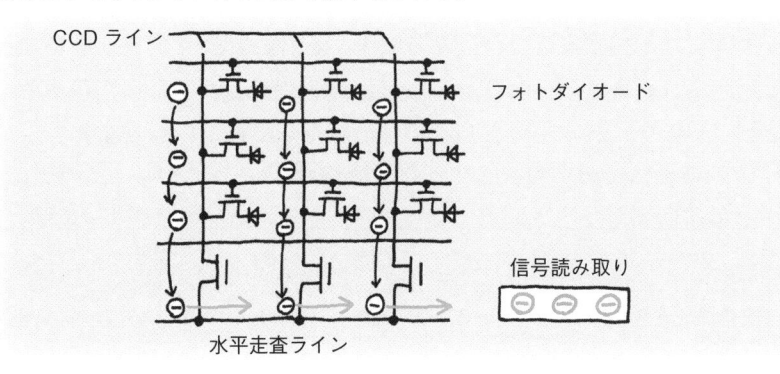

- CCDライン
- フォトダイオード
- 信号読み取り
- 水平走査ライン

2㉗ 携帯時代のモノリシック・マイクロ波集積回路（MMIC）

　マイクロ波領域の超高周波を扱う集積回路をMMIC（モノリシック・マイクロ波集積回路）と呼び、携帯電話などの小型化、省電力化などに寄与しています。

　携帯電話などのギガヘルツ帯を扱う無線通信システムでは、マイクロ波やミリ波のような波長の短い超高周波信号を扱う特別な集積回路が必要になります。従来このような高周波回路では、セラミックスなどの誘電体基板の上に金属配線や抵抗を形成し、そこにトランジスターやダイオード、キャパシタなどの個別素子をハンダ付けで取り付けるハイブリッド集積回路（HIC）が用いられていました。しかし最近では、ガリウムヒ素（GaAs）などの数ミリ角の半導体基板の上に、トランジスタや抵抗、キャパシタ、インダクタ（コイル）、配線などの部品まですべて半導体プロセスで作製してしまう、本格的なモノリシック・マイクロ波集積回路（MMIC）が使われるようになりました。

　マイクロ波回路の設計の難しさは、配線を伝わる信号を、オームの法則でとらえる電流という考え方から、電磁波の伝搬という考え方で回路を設計しなければならないところにあります。

　直流や低周波を扱う電子回路では、トランジスターや抵抗、キャパシタなどといった個別の素子をとりあえず配線でつなげば、配線パターンの寸法や形状、配置はそれほど意識しなくても必要な性能を達成することができます。しかし、扱う信号が高周波になればなるほど、配線の寸法や形状、そしてどのように配置するかまでしっかり計算して回路を設計しないと、定在波や寄生容量などの影響を大きく受けて当初の性能を達成できなくなります。

　MMICは、半導体設計の段階から、この配線パターンを緻密に計算して製造された集積回路というわけです。MMICは今では、携帯電話の送信部の高周波電力増幅器や、受信部の低雑音増幅器に使われているほか、BSア

> **解説　マイクロ波**：周波数が300MHz～3THz（波長が1mから100μm）くらいの範囲の電波を指す。

ンテナの受信部などに使われています。

　そして MMIC は高周波機能に特化するため、半導体基板にはガリウムヒ素（GaAs）基板が用いられ、そこにガリウムヒ素トランジスターやHEMT、HBT などの能動素子が形成されます。これは、ガリウムヒ素基板が非常に高抵抗であるために寄生容量の影響を受けにくく、インダクタを作るのに適しているからです。

図 2-27　マイクロ波を扱う回路の問題点

マイクロ波領域では配線のサイズが信号の波長と近似してくることや、配線間での浮遊容量が特性に大きく影響してくるなど、素子や配線の配置やサイズに特殊な設計が必要になる。

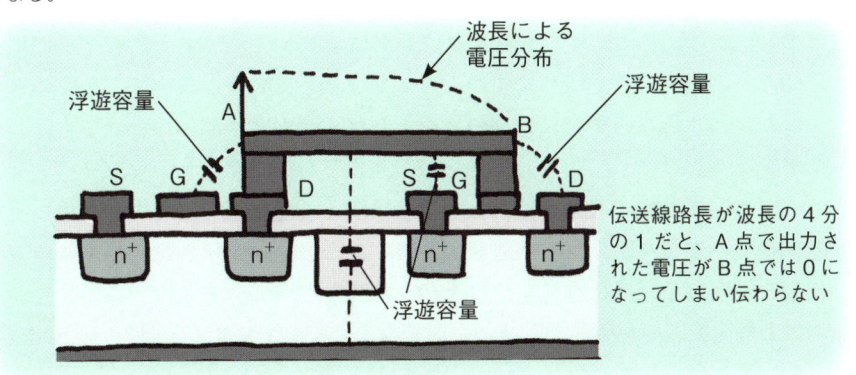

伝送線路長が波長の 4 分の 1 だと、A 点で出力された電圧が B 点では 0 になってしまい伝わらない

> ### ⚠ 高周波回路に不可欠なインピーダンスマッチング
>
>   電流を流しにくい性質を電気抵抗と呼びますが、交流電流を扱うときの電気抵抗はインピーダンスといって区別します。トランジスターを組み合わせてさまざまな回路を組む場合、トランジスターからトランジスターへいかに無駄なく信号を受け渡すかも設計のポイントになります。たとえば、インピーダンスの低い回路から高い回路へ信号を送ると、信号は入りにくくて多くは反射してしまいます。またその逆のときは、受け取れる信号が小さくて十分な処理ができなくなります。そのため、高周波を扱う半導体集積回路ではトランジスター素子の前後にインピーダンスの整合を図る整合回路（マッチング回路）が設けられ、信号の反射を抑えて効率よく電力を供給しあえるように工夫しています。

💡 世紀の大発見にはセレンディピティがつきもの

　科学的な発見はどのようなときに生まれるのでしょうか。歴史上の重要ないくつかの発見の中には、何か別の実験をしているときに偶然に、時には実験の失敗によって予期しなかった何か新しいものとして生まれてきたものが多いことです。このような好運な偶然を見つけ出す能力を「セレンディピティ(Selendipity)」と呼んでいます。しかしこのような「セレンディピティ」が実際に新しい発見に結びつくためには、その研究者がその好運な出来事の重要性を認識できる能力が必要です。フランスの科学者ルイ・パスツールは、"偶然または好機の恩恵にあずかれるものは、心の準備ができている者のみである"と言っています。ここで心の準備（prepared mind：プリペアードマインド）とは、解決しようとする課題に夢中になり、アイデアや実験結果に深く悩んでいる状態を意味します。このようなときに好機が訪れて、ひらめきが起これば、新しい発見に結びつくかもしれません。半導体の分野でも、このセレンディピティに関連した発見がありました。ブラッテンとバーディーンは、半導体表面に取り付けた2つの電極によって電流を制御するための実験をしていましたが、失敗の連続でした。あるとき、酸化したゲルマニウムの表面に金のリング状電極をつけたサンプルを調べていました。このとき偶然にも酸化膜表面を壊してしまい、大変な失敗をしてしまったと思いました。しかし彼らは実験を続け、2つの金属電極と第3のベース電極の間に流れる2つの電流の間に予想していなかった相関があることを見出しました。これが点接触型トランジスターの発見につながりました。何か科学や技術のブレークスルーがあるときには、このセレンディピティがあるのですね。また、ショックレーは失敗を乗り越える、「創造的失敗」の重要性を強調しています。このように、トランジスターの発見の過程は、新しいものを生み出すとは何かを学ぶ非常によいケーススタディと考えることができます。

セレンディピティは現在のスリランカ（旧セレンディップ）の3人の王子の旅を書いた童話から作られた造語。何かを探しているときに、別の発見をすること。

第3章

半導体集積回路の製造技術

半導体の最大の特徴は、
一つひとつの素子を微細化できることにある。
微細な素子を小さなチップ上にたくさん配置して、
回路を組み上げたものが集積回路だ。
この集積技術がエレクトロニクス産業を支えていることは言うまでもない。

3-1 半導体集積回路ができるまで

　半導体集積回路の製造工程は、おおむね図3-1のような流れになっています。この中で、日々進歩改良が行われているのが微細加工技術です。微細加工は、回路の集積度を上げるためにはもちろんですが、回路の性能を上げるためにも必要不可欠なポイントなのです。半導体集積回路の製造工程のさまざまな段階で、微細化のための最新技術が取り入れられています。

　まず半導体の製造工程は、設計工程と製造工程に分けられます。**設計工程**は、集積回路の機能と性能を決めて、そのためにどのような回路をどのように組み立てるかを設計します。作業は回路シミュレーターを使ってコンピューターで設計・検証が行われます。

　設計時に要求される回路の動作速度や消費電力、チップの寸法などは重要で、とくにチップの大きさは、1枚のウエハーからいくつのチップが製造できるかによって価格に反映されるため重要な項目です。たとえば、集積規模の先端を行くメモリーチップでは、メモリーの最小単位であるメモリーセルの寸法を小さくすることで、大容量化と低価格化を実現しています。

　回路設計が決まると、続いてパターン設計を行います。チップ内にどのような回路を作り、それを効率的に配置するための工程です。設計者は、回路設計用の**CAD**（コンピュータ支援設計ツール）を用いて、デザインルールに基づいて回路パターンを作製していきます。次に、この回路図をトランジスターの製造工程、配線工程などに分けて何層にもわたりフォトマスクを作製します。**フォトマスク**（**レチクル**とも呼ぶ）はガラスの上に回路パターンが描かれた日光写真のネガのようなものです。集積回路のパターンをウエハー上に焼き付けるための写真のネガに相当するもので、高度な寸法制度が要求される技術です。

　なお、製造工程は、集積回路チップの土台となるウエハーを作る**ウエハー製造工程**と、ウエハー上に回路を形成して回路チップを製造する**ウエハー処理工程**（**前工程**と呼ぶ）、そしてチップをパッケージに仕上げる**組み立て工程**（**後工程**と呼ぶ）の3つの工程に分かれます。

図 3-1　半導体集積回路の製造工程

半導体の製造工程は、設計と製造の2工程に分けられる。設計行程は主にCAD設計がメインになり、製造工程はウエハー処理工程がメインになる。

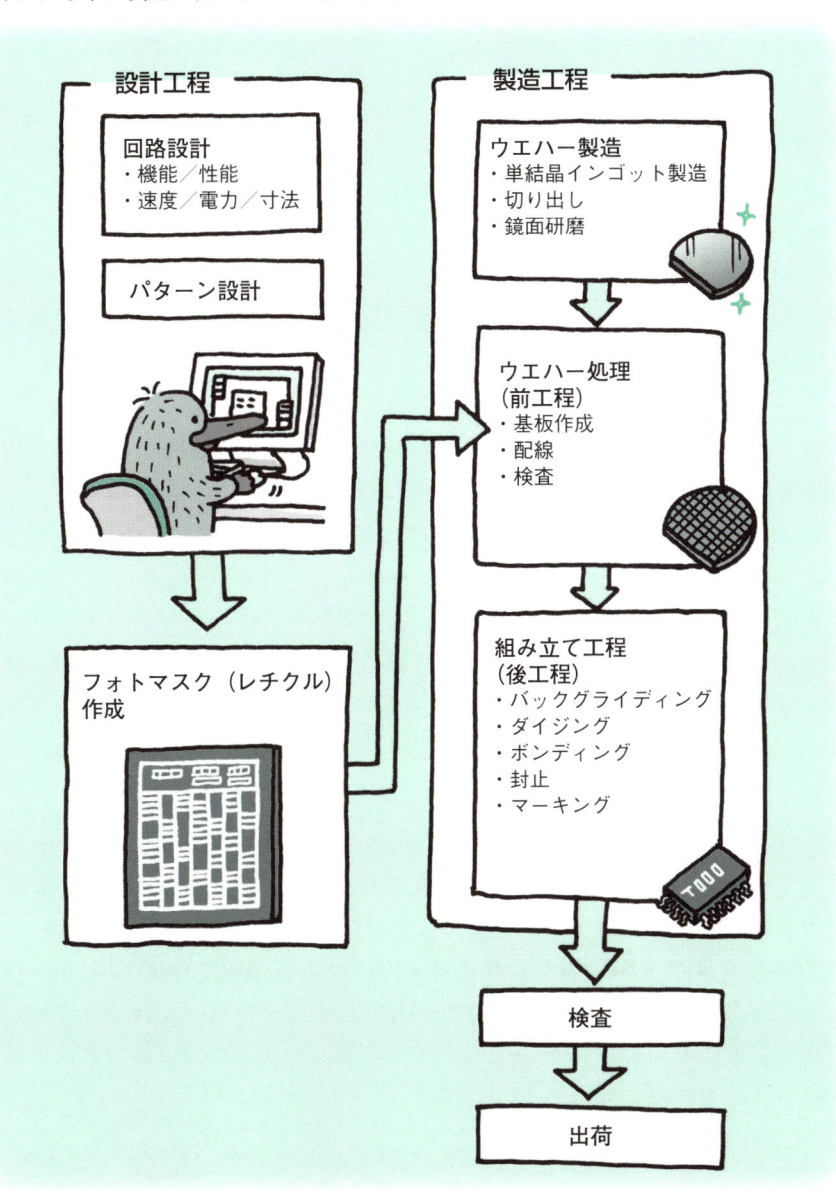

設計工程

- 回路設計
  - 機能／性能
  - 速度／電力／寸法
- パターン設計

↓

- フォトマスク（レチクル）作成

製造工程

- ウエハー製造
  - 単結晶インゴット製造
  - 切り出し
  - 鏡面研磨

↓

- ウエハー処理（前工程）
  - 基板作成
  - 配線
  - 検査

↓

- 組み立て工程（後工程）
  - バックグライディング
  - ダイジング
  - ボンディング
  - 封止
  - マーキング

↓

- 検査

↓

- 出荷

3-2 高純度なシリコン単結晶の作り方

●多結晶シリコン棒の製造方法

　集積回路の土台となるウエハー基板の一般的な材料であるシリコン（Si：ケイ素）は、**二酸化シリコン**（SiO_2：**石英**、**シリカ**）の形で花崗岩などの火成岩中に多量に存在しています。この石英を主成分とするケイ石やケイ砂を採掘し、精製して高純度の多結晶シリコンを製造することが、集積回路製造工程の第一歩です。

　まずノルウェーやブラジルで採掘される高純度の石英を、アーク電気炉を使って炭素やグラファイトで還元（酸素を分離）して、純度98％程度の**金属シリコン**を精製します。

　金属シリコンは細かく粉砕して粉末にされ、無水塩酸（HCl）と反応させて**トリクロロシラン**（$SiHCl_3$）の液体を作り、それを蒸留、精製して高純度にします。

　高純度に精製されたトリクロロシランは、高純度の水素とともにガス状にされて化学反応器に送られます。反応器内でトリクロロシランは水素と化学反応（**気相反応**という）を起こしてシリコンと四塩化シリコンや塩酸に分解されます。反応器内には電気を流して加熱したシリコンの線が置かれていて、分解したシリコンはこの線の周りに結晶化していきます（**気相成長**という）。こうして成長させたものが11N（イレブンナイン：99.999999999％）と呼ばれる高純度の**多結晶シリコン棒**として取り出されます。

　多結晶シリコン棒は微小な単結晶シリコンが集まった状態のため、ウエハーを製造するにはさらに単結晶成長という工程を経なければなりません。

　単結晶というのは、結晶の向きがすべて揃った状態の物質のこと。単結晶の集合体が**多結晶**です。

解説　**火成岩**：マグマが冷えて固まった岩石。
　　　　気相：物質が気体になっている状態。

図 3-2a　多結晶シリコンの製造法

- 電気炉
- 電極
- アーク（電子の放出）熱でケイ石を溶かす
- ケイ石
- 炭素
- 炭素で還元する

$SiO_2 + 2C \rightarrow \underline{Si} + 2CO$

Si 純度98% 金属シリコン

$Si + 3HCl_3 \rightarrow \underline{SiHCl_3}$

トリクロロシラン

- トリクロロシラン $SiHCl_3$
- 金属シリコン Si
- 無水塩酸 HCl

化学反応器

- トリクロロシラン $SiHCl_3$、H_2
- 気相成長した多結晶シリコン棒
- 加熱したシリコン線

$4SiCl_3 \rightarrow Si + 3SiCl_4 + 2H_2$
$SiCl_3 + H_2 \rightarrow Si + 3HCl$

排気 $SiHCl_3$、H_2 $SiHCl_4$、HCl

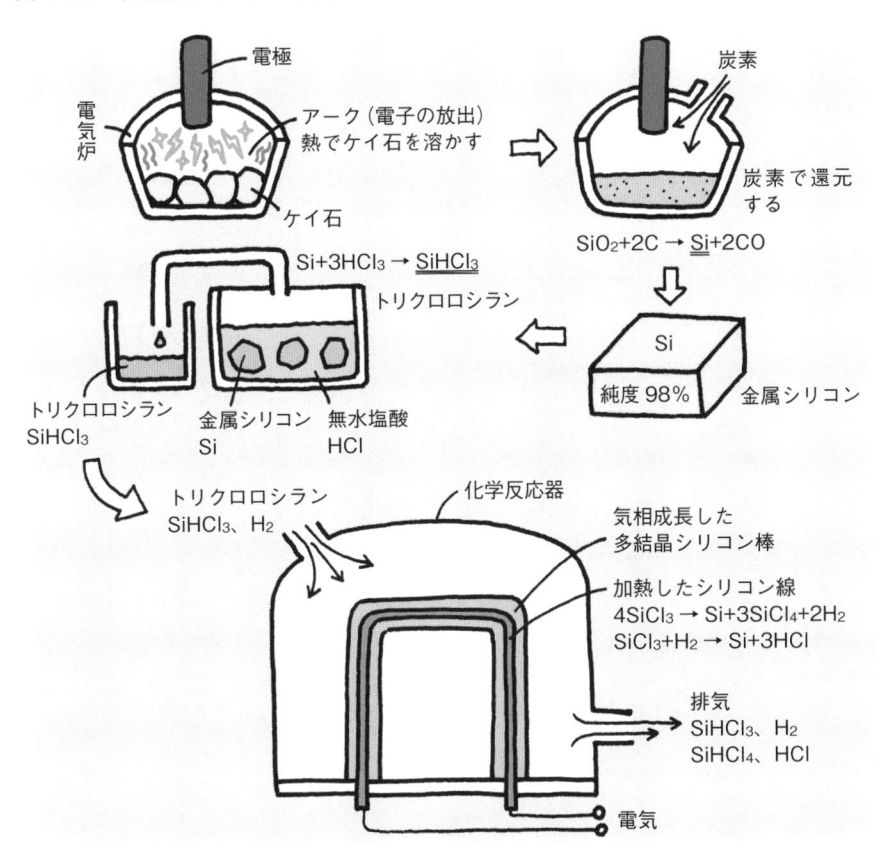

電気

図 3-2b　多結晶と単結晶の違い

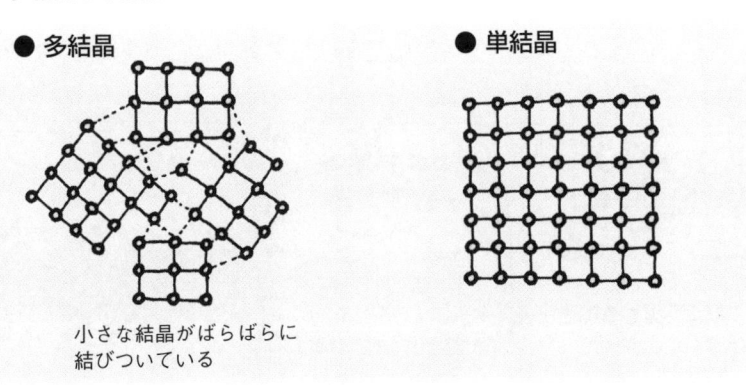

● 多結晶

小さな結晶がばらばらに結びついている

● 単結晶

3・半導体集積回路の製造技術

●単結晶シリコンインゴットの製造方法

　シリコン単結晶の製造には、一般には高純度に精製された多結晶シリコンを原料として、**チョクラルスキー法**（Czochralski法で**CZ法**）と呼ばれる単結晶引き上げ方法が用いられます。このCZ法に強力な磁場をかけて融液の対流を制御し、品質を向上させる**MCZ法**（Mはマグネチックの意味）も使用されています。

　CZ法では、原料となる多結晶シリコンは細かく砕かれ、石英るつぼ内でおよそ1,400℃で溶かしてシリコン融液にします。そこに細い棒状の単結晶シリコンの種結晶を吊り下げて融液表面に触れさせ、回転させながらゆっくり引き上げます。引き上げた種結晶に付着したシリコンは、冷めて固体化する際に、種結晶と同じ向きに並んで単結晶になります。こうして高純度なシリコン単結晶のインゴットを作るのです。

　このとき、石英るつぼ内に多結晶シリコンだけでなく、たとえばボロン（B：ホウ素）やリン（P）といった不純物を微量に混ぜて溶かせば、p形やn形のシリコン不純物半導体として集積回路（IC）に使われる単結晶が作製できます。

図3-2c　CZ法によるシリコン単結晶の製造

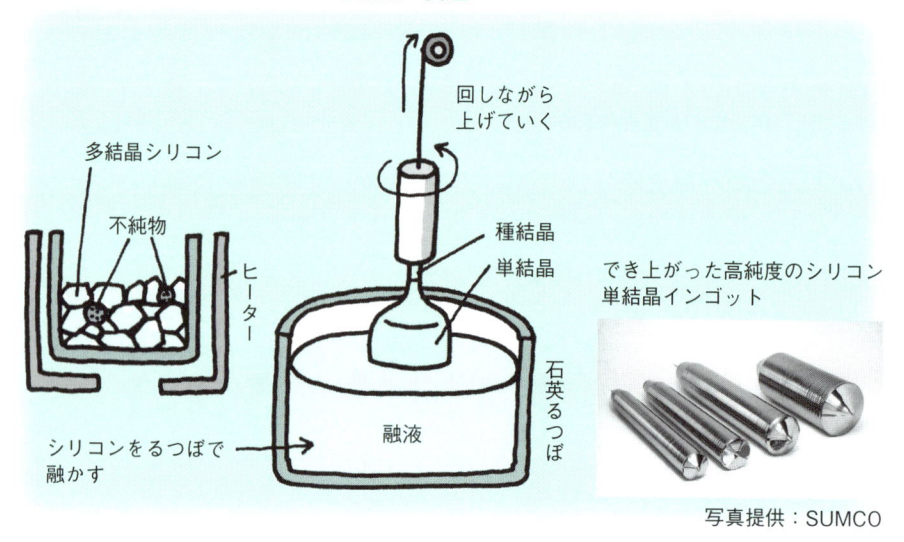

写真提供：SUMCO

❗ 半導体結晶の原子の配列を調べる

　半導体を直接的に観察する方法として電子顕微鏡があります。小学校の理科の時間に光学顕微鏡を用いてプレパラートの試料を観察し、わくわくした記憶があることでしょう。電子顕微鏡では光の代わりに高真空状態で発生させた電子ビームを利用して、物質の表面や内部構造や欠陥を高倍率で観察することができます。試料表面の空間分解能は、光の波長や電子ビームの波長によって決まりますが、電子ビームは短い波長を持っているので高分解能です。広く使われている電子顕微鏡は走査型電子顕微鏡と呼ばれるタイプです。走査型電子顕微鏡（SEM）は、結晶表面の評価やフォトリソグラフィー（134ページ参照）によって形成される微細パターンを検査するために用いられています。電子銃から発生した電子ビームは加速され収束されることで電子プローブ（探知針）となります。試料表面に入射した電子ビームは走査されて、試料表面ではじき出された二次電子を信号として検出しそれを集めることでイメージを作ることができます。また、透過型電子顕微鏡（TEM）を用いることにより結晶構造や欠陥について詳しく調べることができます。この方法では、試料を薄片にして収束した電子ビームを照射し、試料の後方に出てきた電子ビームをレンズを経由して蛍光板上にイメージを結びます。この像を電子顕微鏡専用のフィルムで記録します。さらに分解能をあげた電子顕微鏡には高分解能電子顕微鏡（HR-TEM）があります。この顕微鏡を用いると、半導体結晶を原子レベルで観察することができ、極めて強力な評価手段となっています。とくに半導体の量子井戸構造などの超薄膜構造を原子レベルで見ることができます。写真に映っている原子パターンを詳しく調べることで超薄膜構造の寸法をナノメートルのレベルで測ることができます。この方法では、電子ビームが透過するほどの非常に薄い試料（薄片）を作製するために、電子顕微鏡の試料作りには高度な技術が必要となります。いわゆる匠の技術です。高度な装置とそれを操作する技術者のコラボレーションがあってはじめて実現する技術分野です。このようにして撮られた写真（右）は、いわば芸術写真のようなものです。

3・半導体集積回路の製造技術

3-3 化合物半導体インゴットの作り方

　ガリウムヒ素（GaAs）のような化合物半導体のウエハー素材はどのように作られているのでしょうか。現在主流の方法は、シリコンのCZ法を改良した、**融液封止引き上げ法**（**LEC法**）が用いられています。

　LEC法では、るつぼに高温で安定な窒化ホウ素（BN）を用いた**PBN**（焼結窒化ホウ素）**るつぼ**が使われます。材料のガリウムヒ素やガリウムリン（GaP）などの構成元素の蒸気圧が大きく、低い温度で気体になりやすいため、それを防止するために融液表面を、原料やるつぼと反応せず、原料に浮くような封止材料、たとえば酸化ホウ素（B_2O_3）などで覆い、高圧の不活性ガスで原料の揮発を抑制しています。このようにして化学組成比の安定した化合物半導体インゴットが作られています。

　もう一つの代表的な化合物半導体インゴットの製造方法は、**垂直ブリッジマン法**（**VB法**）と呼ばれるものです。溶かした原料物質を石英製の容器に入れて、液面に種結晶を接触させ、全体を融点以上に保ちながら種結晶の端から徐々に冷却しながら結晶成長させるものです。LEC法に比べて小さな温度勾配で成長ができ、低転位化に適しています。また同じ手法で、水平な構造を持つ**水平ブリッジマン法**（**HB法**）も用いられています。

　LEC法も垂直（水平）ブリッジマン法も、どちらも結晶欠陥の少ない良質の結晶を作る方法です。たとえば、ガリウムヒ素のガリウムとヒ素がきちんと1対1になっているような組成を化学量論比（ストイキオメトリー）の結晶と呼んでいます。

　一般にガリウムヒ素やインジウムリン（InP）のような化合物半導体ウエハーは、シリコンウエハーに比較して価格も高いことから、シリコンでは作製が困難な高周波デバイスや光半導体デバイスの分野で使われることになります。

図 3-3a　LEC 法による化合物半導体結晶の製造
材料融液の表面を封止材で覆って、融液の蒸発を防ぎながら単結晶を成長させていく。

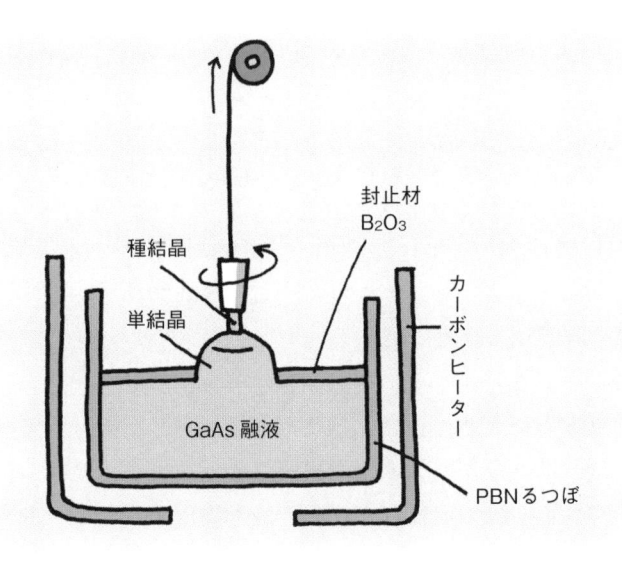

図 3-3b　VB 法による化合物半導体結晶の製造
材料融液を徐々に冷やしながら結晶成長させていく製造方法。

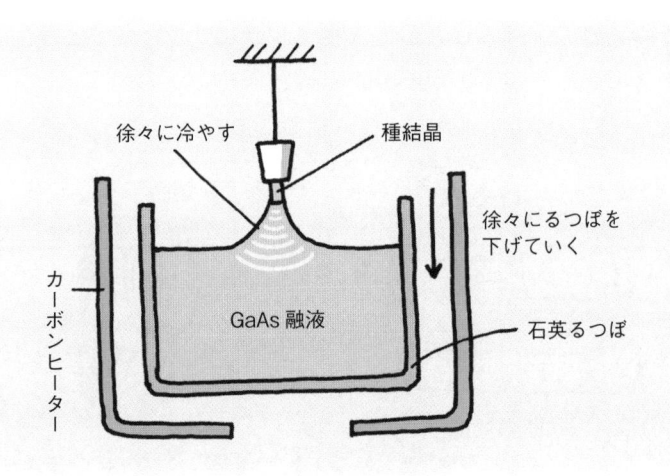

3-4 ウエハーの切り出しと加工

　半導体インゴットは、整形されて、**オリエンテーションフラット**（オリフラ）またはノッチと呼ばれる結晶方位を示す加工がされます。そして薄くスライスされてウエハーとして切り出されます。たとえば、直径が20センチメートルのウエハー1枚の厚さが725ミクロンメートルとすると、1メートルの長さのインゴットから切りしろを考えても1千枚程度のウエハーを切り出すことができます。スライスされたウエハーは、厚さを揃えたり、平行度を出すために機械研磨を行います。この作業を**ラッピング**と呼んでいます。次にウエハーの外周の面取りを行い、形状や寸法を整え、最後に表面の光沢や平坦度、平行度、厚さを調整する**化学研磨（エッチング）**が行われます。

　シリコンウエハーは大口径化が進み、最近実用化されているシリコンウエハーは直径が30センチメートルにもなり、1インチは約2.5センチメートルなので、12インチシリコンウエハーのように呼ばれます。このようにシリコンウエハーの大口径化を進めることで、製造されるICチップの数を増やしてその価格を下げることができます。ガリウムヒ素では現在、6インチウエハーまで利用することができます。

図3-4　ウエハーの加工工程

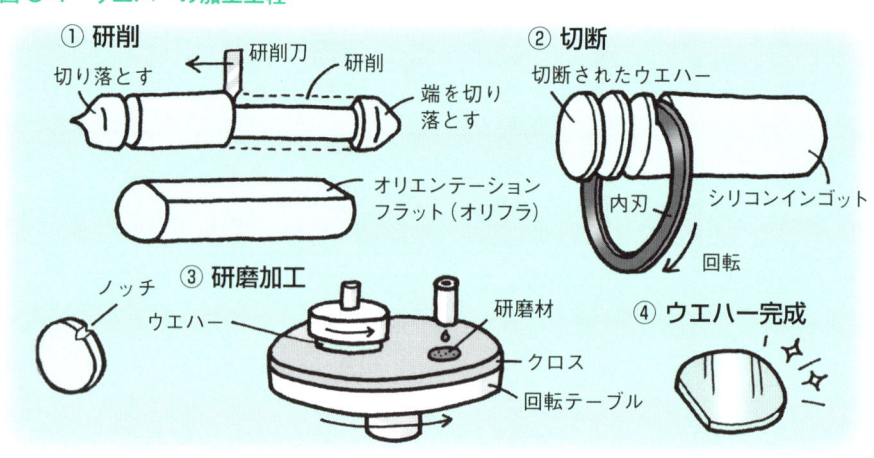

❗ 半導体ウエハーと結晶方位

　物質の結晶は、ひとつひとつの粒が規則的な基本単位（単位格子）の繰り返しでできています。この基本結晶構造を、原子を点で表す原子配列で描いてみると、その配列は原子を格子点とする三次元の網目模様となり、これを空間格子と呼んでいます。そして空間格子の格子点が形作る面が格子面です。

　格子面は、結晶をきれいに成長させたり、加工したりする上で、特別な意味を持ちます。面によって、結晶をきれいに成長させやすい面や木目のように割れやすい（劈開という）面など、それぞれ特徴があるからです。そのため、半導体ウエハーを作る場合においても、この結晶格子面の向きに十分配慮した設計がなされています。たとえば、半導体チップをウエハーから切り出す際には、チップの切断面が半導体結晶の劈開面に沿っていれば無理なくきれいに切り出せますが、そうでなければウエハーが切断時に欠けたり割れてしまいます。

　また、面の方向によって原子の距離が変わるため、異なる向きで作られたトランジスターは電気的特性が変わってしまい、品質が保てなくなってしまいます。そのため、半導体の製造では、この結晶面の方向が厳しく管理され、その方位を示す基準として、結晶の劈開面に沿って平に削った**オリエンテーションフラット**（オリフラ）またはノッチと呼ばれる位置を基準として、リソグラフやチップ製造が行われます。

　なお、結晶面を特定する方法として、1つの格子点を原点として、隣接する3つの格子点方向にベクトル軸を設定して、下図のようにその面がどの軸と交わるかを（xyz）で表す面方位という表現法が用いられています。たとえば、半導体ウエハーの場合、オリエンテーションフラット（劈開面）は（110）、ウエハー表面は（001）になるように決められています。

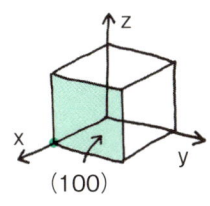

（100）　xに交わっている　yとzには交わらない

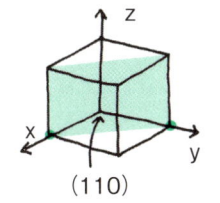

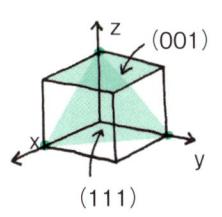

（110）

（111）　（001）

3-5 ウエハーの表面を覆う半導体薄膜エピタキシー技術

シリコンウエハーやガリウムヒ素ウエハーを用いて半導体デバイスを作製するとき、回路に利用されるのは、じつはウエハー表面のごく薄い部分だけです。高性能な半導体デバイスを作るためには、ウエハーの表面部分の品質が大きな鍵を握るため、表面を高品質な半導体薄膜で覆って、その薄膜層に回路を組み上げる方法が取られます。つまり、ウエハー表面にいかに高品質な半導体薄膜を作れるかが、半導体デバイスの性能を左右するのです。

ウエハー上に半導体薄膜を作る手法は、結晶をウエハー表面に成長させていくようすから、**薄膜結晶成長**と呼ばれます。

●エピタキシー成長

薄膜結晶成長にはいくつかの方法がありますが、なかでも結晶方位を揃えて結晶成長させる手法が**エピタキシー（epitaxy）成長**です。エピタキシー成長は、下地となるウエハーの結晶面上に、結晶方位を揃えながら新しい結晶層を積み重ねて成長させていく方法です。エピタキシーの語源は、ギリシャ語の epi（上）と taxis（配列）からきています。

ウエハー基板と同じ半導体材料を結晶成長する場合を**ホモエピタキシー**、異なる半導体を結晶成長する場合を**ヘテロエピタキシー**と呼んで区別しています。代表的なエピタキシーとしては、**気相エピタキシー**、**液相エピタキシー**、**有機金属気相エピタキシー**、**分子線エピタキシー**などに分類されます。

また、高出力の**エキシマレーザー**を材料ターゲットに当てて、そこで発生するプルームと呼ばれる原子状の原料を基板に堆積して薄膜を作製する、**パルスレーザー堆積法**もエピタキシーの一つと考えることができます。

なお、エピタキシー成長では、基板結晶の格子定数と成長させる半導体薄膜の格子定数の関係が非常に重要になります。両方の格子定数が合っていれば、**格子整合**して基板との界面がきれいな薄膜層ができあがります。たとえ

> **解説** **エキシマレーザー**：希ガスやハロゲンなどの混合ガスで発生させたレーザー光。

ば、ガリウムヒ素（GaAs）とアルミニウムガリウムヒ素（AlGaAs）のような関係は、格子整合していて結合の手がうまく揃っているので、良好なヘテロエピタキシーが実現できます。一方、格子定数が異なるときには**格子不整合**といい、結合の手がうまくつながらずに結晶層の格子が引っ張られたり縮んだりするために、成長膜にひずみが生じます。このようなひずみはデバイス特性に大きな影響を及ぼします。また、さらに不整合が大きくなると結合の手がまったく合わなくなり、結晶の配列がずれて転位が発生します（85ページ参照）。

このような格子不整合を防ぐために、半導体基板に薄膜結晶成長をするときには、まずバッファー層と呼ばれる座布団のようなごく薄い膜を作っておき、その上部に高品質な半導体薄膜を作製します。このようにして整合をとることを**擬整合**と呼んでいます。

図3-5a　気相エピタキシー成長法

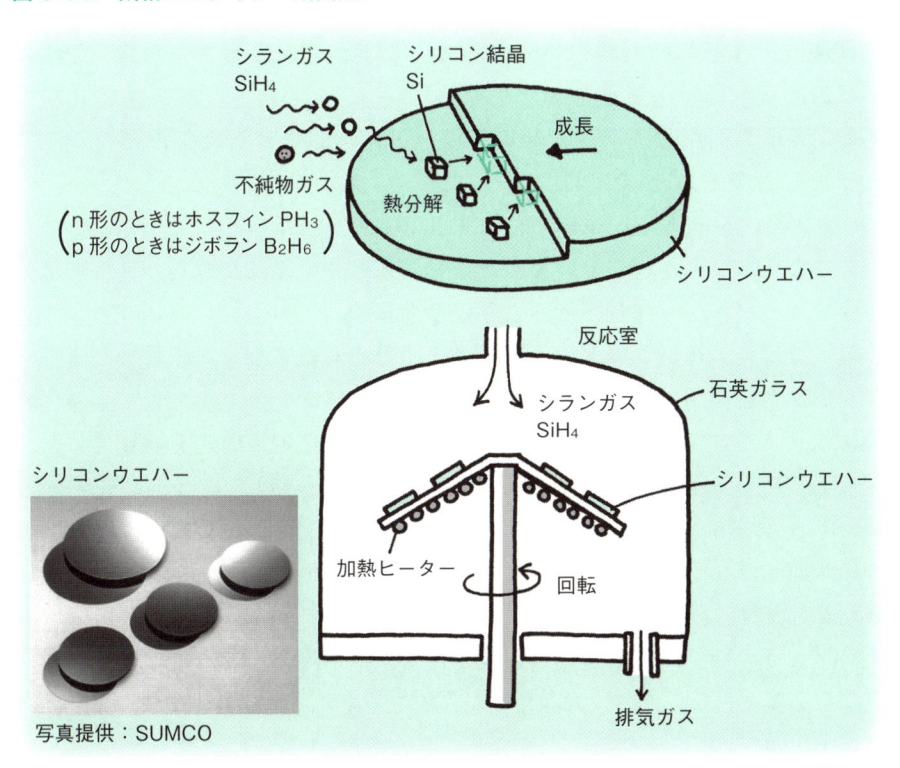

写真提供：SUMCO

●量産性の高い有機金属化学成長法（MOCVD）

　表面に化合物半導体薄膜を用いたウエハーの量産的な作製には、**有機金属化学成長法**が用いられます。この方法は、原料に有機金属（metal organic）を用いた**化学気相堆積法**（chemical vapor deposition：**CVD法**）の頭文字をとって**MOCVD**（**有機金属化学気相堆積法**）あるいは、**MOVPE**（**有機金属気相エピタキシー**）と呼ばれています。

　MOCVDでは、常温、常圧で固体状態や液体状態にある有機金属材料を加熱して、気体にして原料として供給します。その原料ガスを流量コントローラーで制御して反応室に導き、加熱した基板結晶上で熱分解と化学反応をさせて薄膜結晶のエピタキシー成長を行うものです。供給原料の組成を素早く切り替えることによって、成長する半導体薄膜の組成を急峻に変化させることができるので、ヘテロ接合の作製に適しています。

　ただMOCVDでは毒性の強い原料ガスを使うこともあり、その取り扱いには細心の注意を払わねばなりません。たとえば、ガリウムヒ素（GaAs）では、有機金属であるトリメチルガリウム（$(CH_3)_3Ga$）とV属の水素化物であるアルシン（AsH_3）ガスを用いる場合があります。

　これらは650℃の温度では、

$$(CH_3)_3Ga + AsH_3 \rightarrow GaAs + 3CH_4$$

のような化学反応が起こり、ガリウムヒ素基板の上に高品質なガリウムヒ素薄膜をエピタキシー成長させることができます。

　最近では、アルシンガスは毒性が強いので、有機アルシン原料など毒性の少ない原料を使用します。しかし、有機物の分解で発生する炭素が半導体薄膜に取り込まれて品質を落とす〝半導体の汚染〟などの問題もあります。

　なお、ガリウムヒ素層の伝導性をn形にするときは、たとえば硫化水素（H_2S）を反応炉に供給して硫黄（S）をドーピングし、p形にするときはジエチル亜鉛（$(C_2H_5)_2Zn$）などの気体を反応炉に供給して亜鉛（Zn）をドーピングします。

　MOCVDの特長は、結晶成長速度が速く、厚い膜を作製するのに適し、高真空を必要としないために大面積化が可能で量産性に優れています。また、同時に多数のウエハーを扱うことができることから、工業化には適した方法です。

図 3-5b　MOCVD（MOVPE）法装置のしくみ

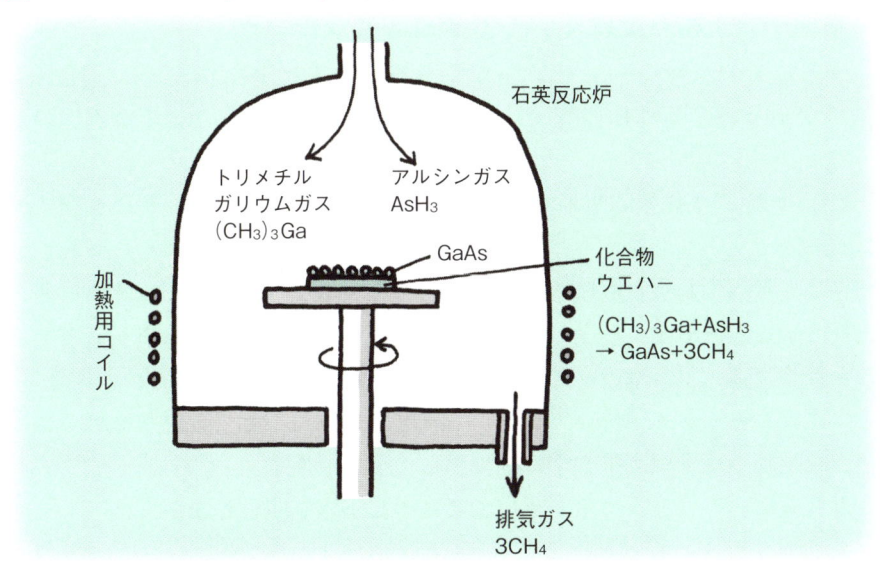

石英反応炉
トリメチルガリウムガス $(CH_3)_3Ga$
アルシンガス AsH_3
GaAs
化合物ウエハー
加熱用コイル
$(CH_3)_3Ga + AsH_3 \rightarrow GaAs + 3CH_4$
排気ガス $3CH_4$

図 3-5c　CVD 装置の外観

写真提供：東京エレクトロン（株）Trias® SPA*i*

●単原子層を積み上げていく分子線エピタキシー

　分子線エピタキシー（モレキュラービームエピタキシー）は、略してMBEと呼ばれる半導体薄膜成長法で、超高真空を利用した真空蒸着法の一つです。

　MBEの原理は比較的簡単で、10^{-10}Torr(10^{-8}Pa：パスカル)の超高真空チャンバー内でクーヌセン・セルと呼ばれる温度制御されたルツボから原料を蒸発させて半導体基板表面に照射し、原子層を一層ずつ積み上げて薄膜結晶を成長させる方法です。蒸発した原料分子は超高真空でほかの分子と衝突することなく直進し、ビーム状の分子線となって基板に到達します。クーヌセン・セルにはシャッターが付いており、これを開閉することで必要な原料を選択し、結晶膜の原子組成を厳密に制御することができます。

　たとえば、ガリウムヒ素基板上にヒ素のビームを照射しながら、アルミニウムとガリウムのビーム比を2対8に制御すれば、正確に$Al_{0.2}Ga_{0.8}As$のようなアルミニウムガリウムヒ素の混晶半導体を作製できます。また、ガリウムヒ素層の上にアルミニウムガリウムヒ素層を付けたときに、原子層レベルで急峻なヘテロ接合界面を作製することが可能です。原料が窒素や酸素のような気体である場合には、プラズマなどでガスを活性化させて基板に照射する場合もあり、**ガスソースMBE**と呼ばれています。薄膜結晶成長のようすは、図3-11dのような**反射高エネルギー電子線回折法（RHEED）**によって結晶成長のその場観察ができ、蛍光スクリーンに映し出される**RHEED振動**（図3-11e）と呼ばれる波形を調べて、原子層をどれだけ積層したかを数えることもできます。原子層レベルの半導体デバイスや磁性半導体などの新しい半導体材料の探索にはなくてはならない方法となっています。

　MBEは超高真空状態を用いることから、真空状態を実現するための真空システムや残留ガスを吸着するための液体窒素シュラウド（しっかりした容器）、真空計などを必要とするために、MOCVD法に比べて一般に量産に向いてないといわれています。しかし最近、新しい薄膜材料やデバイス構造の研究や開発には欠かせないことから、再認識されています。

> **解説** **Torr**：真空工学の世界で用いられる圧力の単位。トルあるいはトールと読む。約133,322Pa。

図 3-5d　MBE 法と RHEED 観測装置

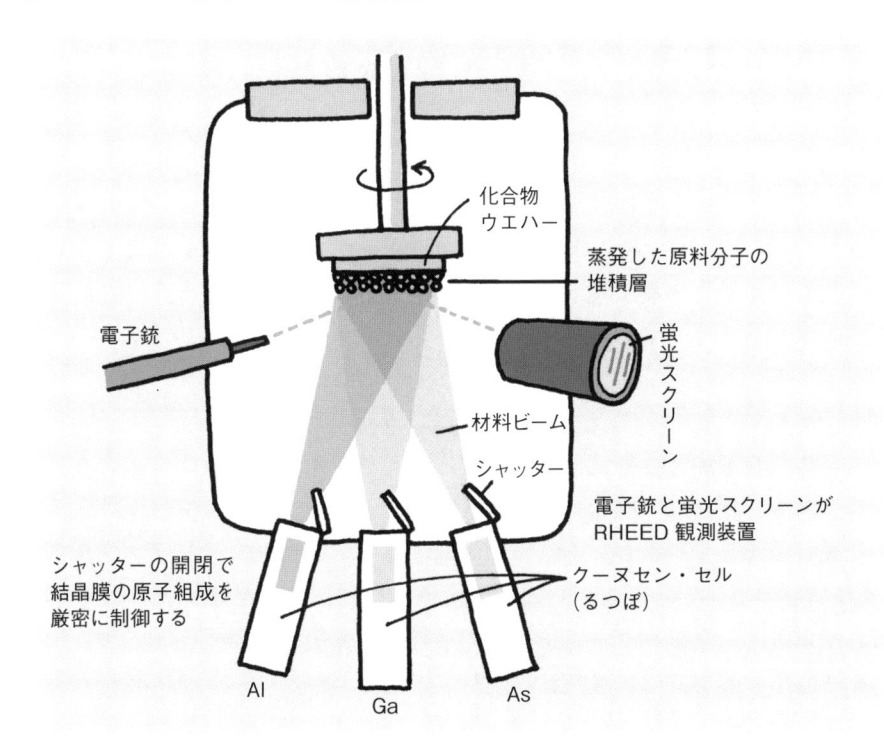

図 3-5e　RHEED のしくみ

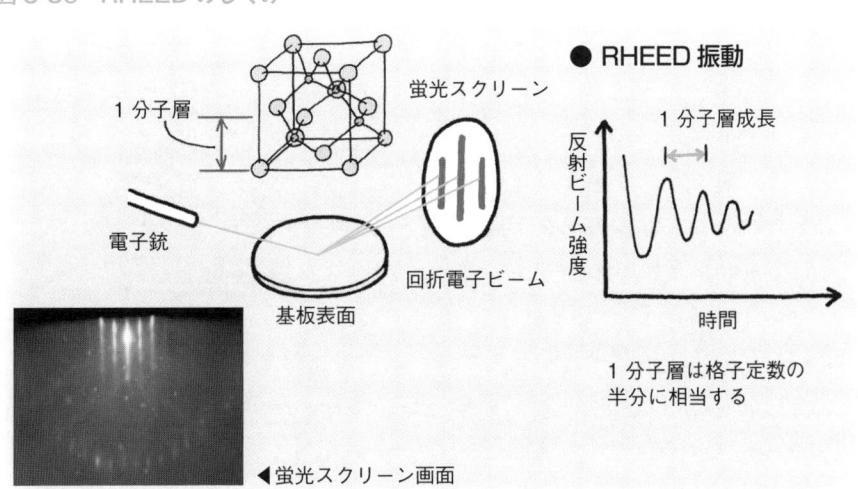

3.6 【前工程】集積回路の進化はリソグラフィが決め手

　完成した半導体ウエハーは、半導体製造工場に運ばれ、ICチップに作り上げられ、パッケージに仕上げられます。これらの製造工程は、ウエハーからICチップを作り出すまでを**前工程**、ICチップをパッケージに封入して製品に仕上げる工程を**後工程**と呼んで分けています。そして、前工程で重要になるのがリソグラフィです。

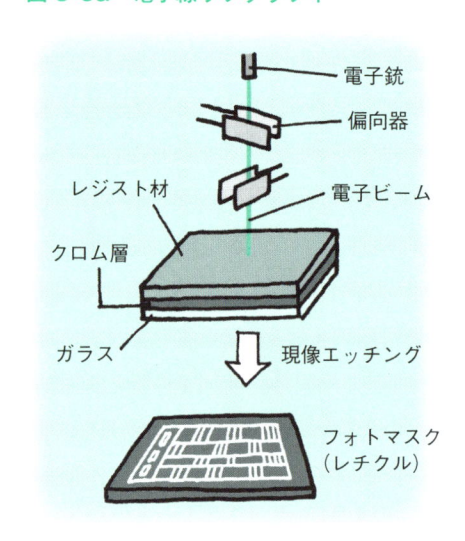

●回路パターンの転写技術が微細加工のキーテクノロジー

　半導体の微細加工技術には2つの方法があります。ひとつは半導体の表面に**レジスト**と呼ばれる感光材を塗布して、**フォトマスク（レチクル）**で露光した後で現像してパターンを転写する方法です。これを**フォトリソグラフィ（光リソグラフィ）**と呼んでいます。もう一つは、**集束イオンビーム**などを用いて基板上に直接パターンを形成する特殊な方法です。

　集積回路の製造では、量産性に適していることからフォトリソグラフィが一般に使われています。

　原盤となるフォトマスクも、やはり**電子線リソグラフィ**によってガラス基板上にクロムでパターンを形成して作られます。このようにしてウエハー上に転写されたレジストパターンは、現像されて必要なところに穴をあけたり、電極の形を形成したりして、リソグラフィが完了します。

　そしてこのリソグラフィのパターンに基づいて、トランジスターや金属配線などがエッチングと呼ばれる方法を用いて作られます。

図3-6a　電子線リソグラフィ

図 3-6b　回路パターンの転写方法

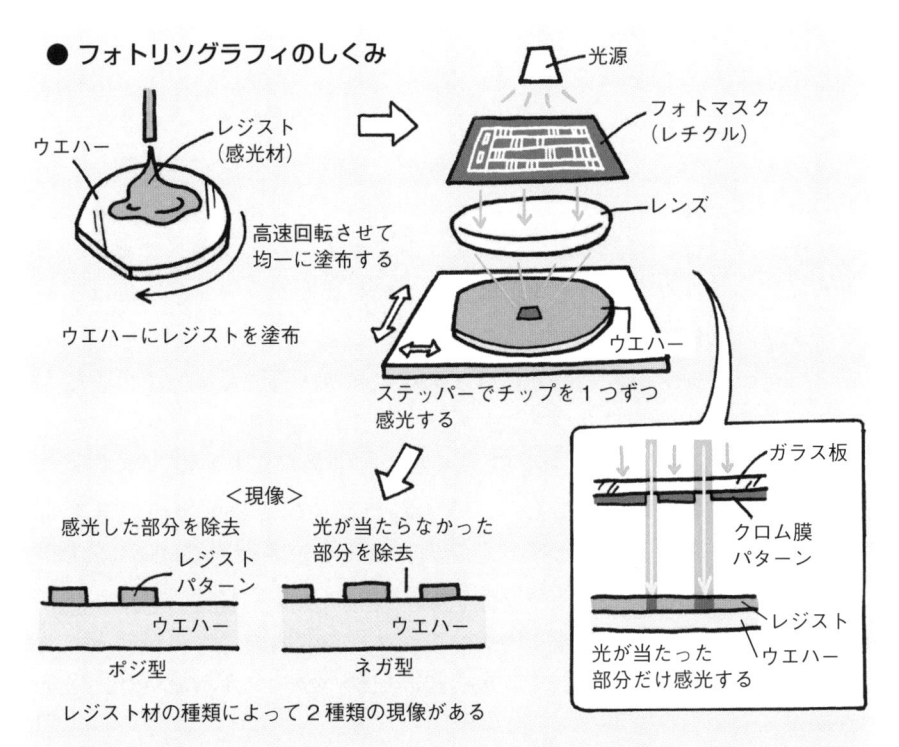

● フォトリソグラフィのしくみ

ウエハー
レジスト（感光材）
高速回転させて均一に塗布する
ウエハーにレジストを塗布

光源
フォトマスク（レチクル）
レンズ
ウエハー
ステッパーでチップを1つずつ感光する

<現像>
感光した部分を除去
レジストパターン
ウエハー
ポジ型

光が当たらなかった部分を除去
ウエハー
ネガ型

レジスト材の種類によって2種類の現像がある

ガラス板
クロム膜パターン
レジスト
ウエハー
光が当たった部分だけ感光する

● 集束イオンビームのしくみ

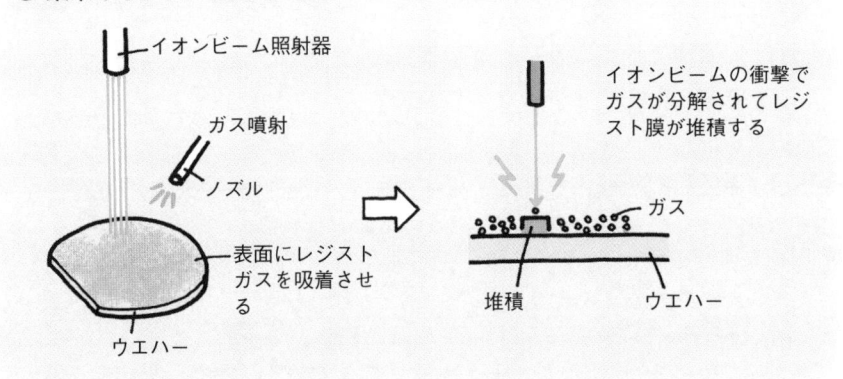

イオンビーム照射器
ガス噴射
ノズル
ウエハー
表面にレジストガスを吸着させる

イオンビームの衝撃でガスが分解されてレジスト膜が堆積する
ガス
堆積
ウエハー

3・半導体集積回路の製造技術

●不要部分を溶かすエッチング

　転写されたパターンをマスクとしてエッチングが行われます。銅版画のエッチングと同じ原理ですが、寸法がμm以下の精度が要求されます。とくにトランジスターの寸法制御は、性能の均一性に影響するために厳しく管理されています。

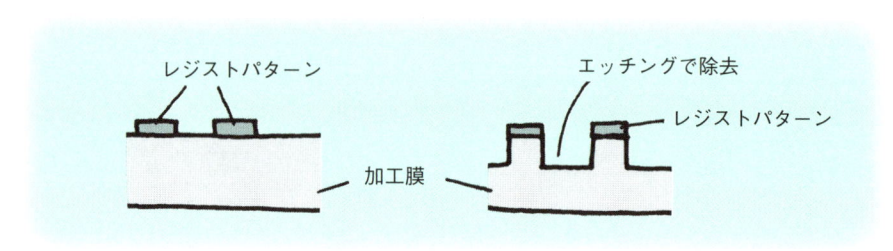

　エッチングには、溶液を用いる**ウエットエッチング**とプラズマガスを用いる**ドライエッチング**があります。寸法精度の必要なパターン形成にはドライエッチングが用いられます。

　そしてエッチングされた部分には、酸化・拡散・薄膜形成、イオン注入などの工程が行われ、トランジスターのチャネル領域が作られます。また、アルゴンガスなどの不活性ガスプラズマによってアルミターゲットをスパッタリング（138ページ参照）して、ウエハー表面に電極配線用のアルミニウム配線パターンを作製します。さらに、ウエハー表面を**CMP**（Chemical Mechanical Polishing：化学的機械的研磨）と呼ばれる工程で研磨し、パターンの凹凸の平坦化が行われます。このような平坦な表面に、再びフォトリソグラフィが繰り返されることで多重構造の配線パターンが形成され、回路ができあがります。

　このような配線の多層構造は、あたかも高層ビルの建築を連想させます。工程の最後にICテスターを用いてウエハー内のチップごとに動作試験を行い、良品と不良品を分類します。そのとき見つかった不良品にはインクでマークを付けて区別できるようにしています。

　ここまでが、前工程といわれる作業です。

図3-6c　エッチングのイメージ

図 3-6d　ウエットエッチングとドライエッチング

● ウェットエッチング

- エッチング槽
- 薬液
- ウエハー

薬液でマスクされていない部分を溶かしだす

↓

- レジストパターン
- エッチング面

● ドライエッチング

- 反応室
- 反応ガス
- ウエハー
- 電極
- 高周波電源

マスクしていない部分がガスと反応して離脱する

- レジストパターン
- エッチング面

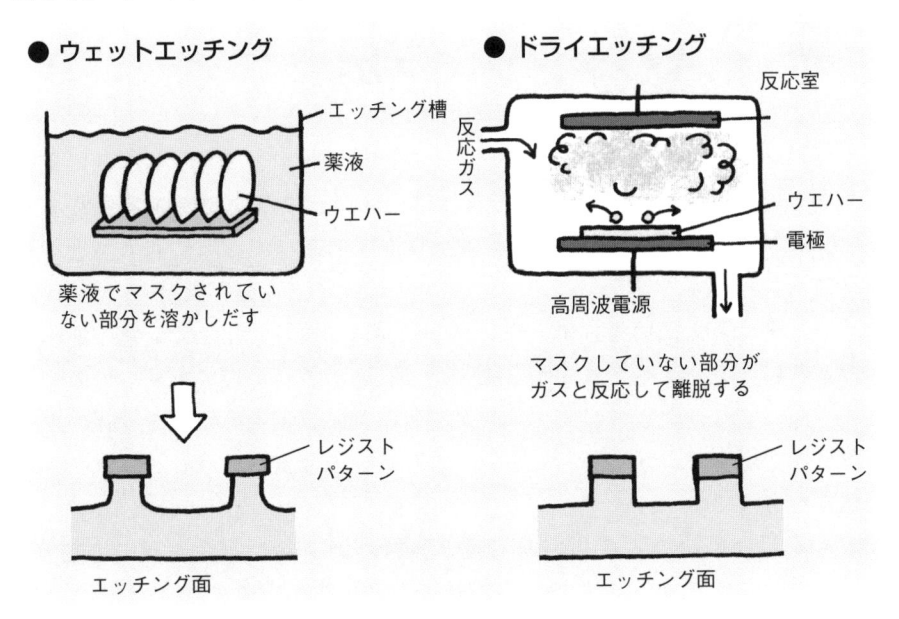

図 3-6e　エッチング後の主なウエハー処理

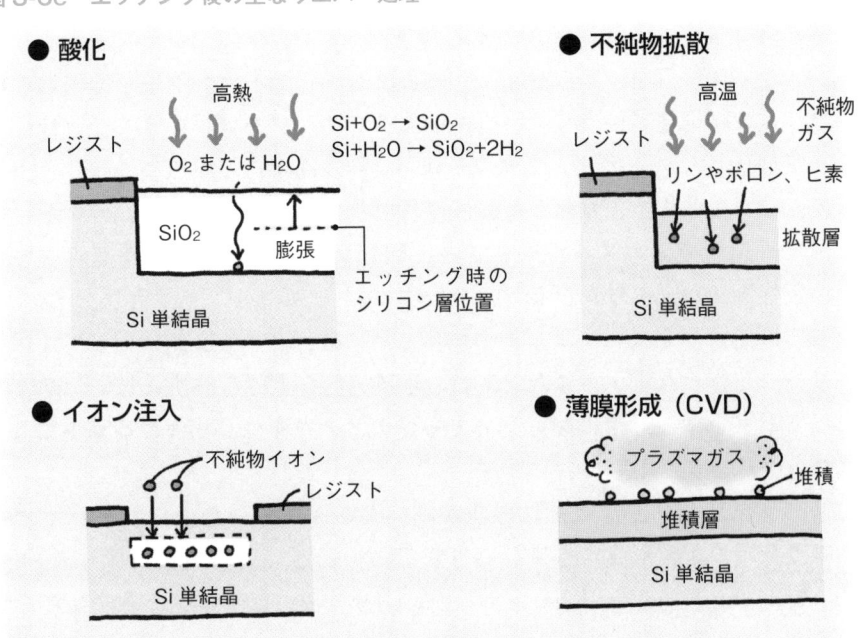

● 酸化

- レジスト
- 高熱
- O_2 または H_2O
- $Si + O_2 \rightarrow SiO_2$
- $Si + H_2O \rightarrow SiO_2 + 2H_2$
- SiO_2
- 膨張
- エッチング時のシリコン層位置
- Si 単結晶

● 不純物拡散

- レジスト
- 高温
- 不純物ガス
- リンやボロン、ヒ素
- 拡散層
- Si 単結晶

● イオン注入

- 不純物イオン
- レジスト
- Si 単結晶

● 薄膜形成（CVD）

- プラズマガス
- 堆積
- 堆積層
- Si 単結晶

3・半導体集積回路の製造技術

3.7 金属電極の作り方 スパッタリング法

シリコン集積回路の製造工程で、チップ内の配線やトランジスターの電極に使われるアルミニウム薄膜の形成には、**スパッタリング法**が使われます（フォトマスクの元になるガラス板にクロム層を塗布する際にもスパッタリングは使われます）。

スパッタリング法は、金属ターゲット表面に加速されたイオン粒子を照射したときに、ターゲット表面から原子がはじき出される現象を使って薄膜を作る方法です。身近なスパッタリング現象の例に、蛍光灯の電極周辺のガラス管壁面が黒ずむようすがあります。これは電極金属がスパッタリングされて起きたものです。

最も簡単な直流放電を用いた直流2極スパッタリング法を見てみます。スッパタリング法を行うための真空チャンバ内に、陰極をスパッタリングターゲット(スパッタリングする金属原料)、陽極をアースとして、薄膜を堆積する基板を陽極側に置きます。真空チャンバにアルゴンガスを流しながら、1から10^{-3} Torrでアルゴンガスを放電させてイオン粒子と電子からなるプラズマを発生させます。プラスの電荷を持つアルゴンイオンは陰極に向かって加速してターゲットにぶつかり、陰極表面から金属原子をはじき出します。それを基板上に堆積して薄膜を作ります。また、アルゴンガスと一緒に酸素ガスや窒素ガスを混ぜることで酸化物や窒化物の膜を作製する方法を、**反応性スパッタリング**と呼んでいます。

さらに絶縁体をスパッタリングするためには、高周波を用いた**RFスパッタリング**が行われます。また、薄膜の堆積速度を上げる方法として、磁界によって電子を陰極近傍に閉じ込めて多量のイオンを作り出す**マグネトロン・スパッタリング**が用いられます。

スパッタリング法はとくに融点が高いタングステンやモリブデンなどの高融点金属の薄膜形成にも適した方法です。また、CVD法に対比してPVD（physical vapor deposition）と呼ばれ、薄膜作成には不可欠な方法となっています。

図 3-7a　直流 2 極スパッタリング法

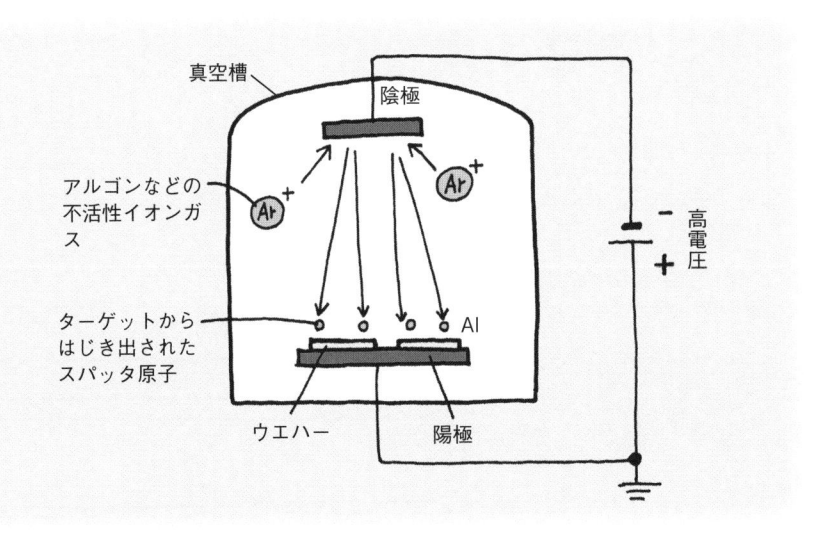

- 真空槽
- 陰極
- アルゴンなどの不活性イオンガス
- ターゲットからはじき出されたスパッタ原子
- Al
- ウエハー
- 陽極
- 高電圧

図 3-7b　RF スパッタリング法

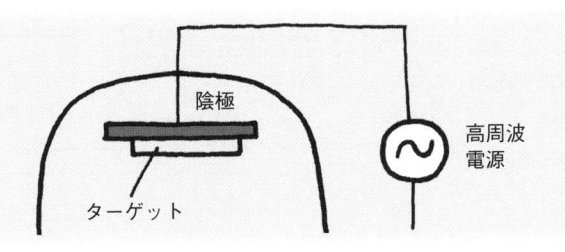

- 陰極
- ターゲット
- 高周波電源

図 3-7c　マグネトロン・スパッタリング法

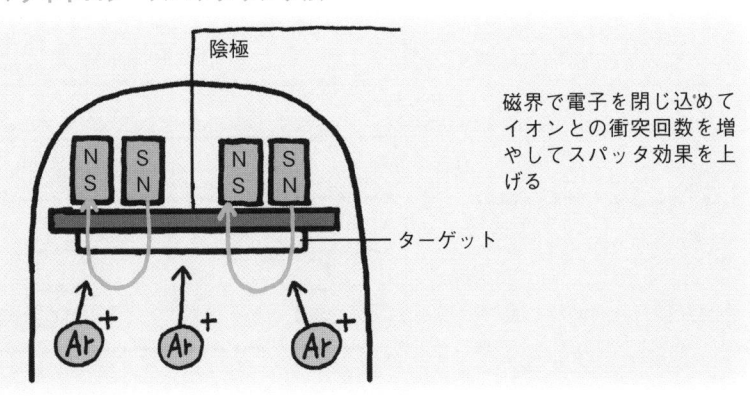

- 陰極
- ターゲット
- 磁界で電子を閉じ込めてイオンとの衝突回数を増やしてスパッタ効果を上げる

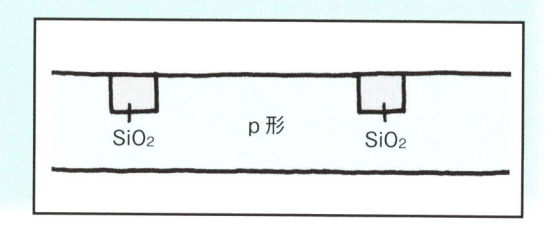

3-8 MOSトランジスターの製造工程

　半導体ウエハーにpチャネルMOSトランジスターを構成する工程を紹介してみましょう。簡略化していますが、前工程の作業がイメージできます。

図3-8a　素子間の分離領域の形成
近接する素子が相互干渉しないように、素子を分離する絶縁壁を作っておく工程。

① p形不純物（ボロン）を添加したシリコンウエハー（単結晶基板）の表面に熱を加えて、酸化膜層を形成させる。

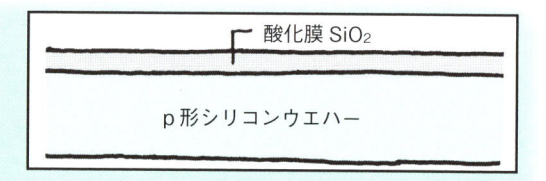

② フォトリソグラフィで酸化膜表面にレジストパターンを転写して、エッチングで分離領域を除去して溝を掘る。

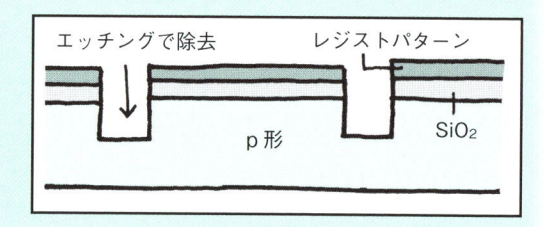

③ レジストパターンを除去した後、表面全体に酸化膜層を形成する。

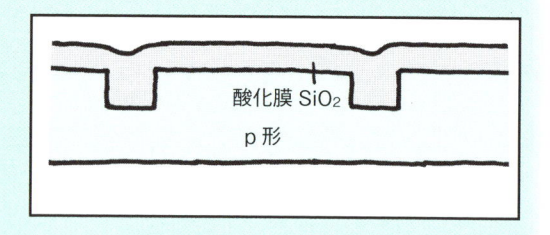

④ 表面を研磨して仕上げる。

図 3-8b　トランジスターの形成
ソースとドレイン領域の n 形領域を作る工程。

⑤フォトリソグラフィでレジストパターンを転写し、n 形不純物（リン）イオンを高エネルギーで注入してn 形層を形成する。

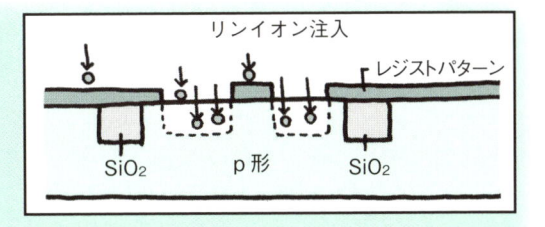

⑥レジストパターンを除去した後、表面全体に酸化膜層を形成する。

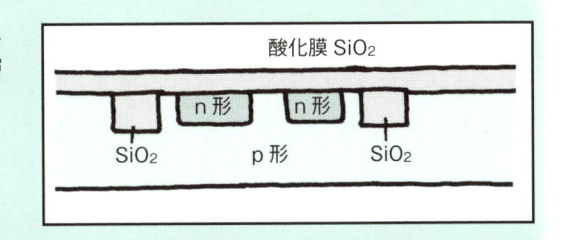

⑦フォトリソグラフィでレジストパターンを転写し、酸化膜層をエッチングで除去する。

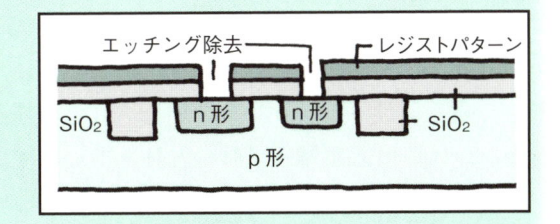

⑧スパッタリングで金属材料を積層して電極や配線層を作る。ウエハー裏面にも金属電極層を作る。

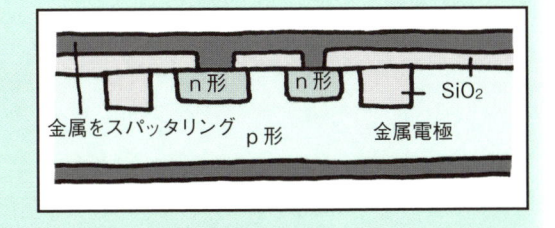

⑨フォトリソグラフィとエッチングで電極を形成して完成。

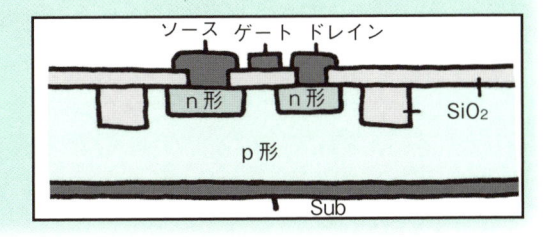

3-9 【後工程】ダイシングから半導体チップまで

　完成したICチップをパッケージに仕上げる**後工程**は、まずウエハーの**ダイシング**です。この工程はウエハーを切断してチップを切り出す工程で、ダイヤモンドブレードを使って数十ミクロンの切り幅でウエハーを縦横サイの目状にカットします。そして前工程で不良と判断されてマーキングされているものを取り除いて、マウント工程に回されます。**マウント工程**は、チップをリードフレームの所定の位置に固定する作業です。

　リードフレームにマウントされたチップは、チップ内のパットとリードフレームを太さ約15～30ミクロンメートル（10^{-6}メートル）の金線を用いて接続されます。この工程が**ワイヤーボンディング**です。

　次にチップに傷などが付かないように、セラミックや樹脂によるパッケージによって**モールド封入**され、リードフレームから個々の半導体製品を切断・分離します。このようにしてパッケージ化された半導体部品は、決められた温度や電圧条件下でストレスを加えられて加速試験が行われます。この工程を**バーンイン**（**温度電圧試験**）と呼んでいます。

　さらに、使用環境や寿命試験などの信頼性試験が行われ、ICチップの品質が保証されます。これらに合格して初めて一人前のデバイスと認められ、半導体製品表面にレーザーによって商品名が印字されます。

　このようにして半導体デバイスが完成します。

図 3-9　半導体集積回路製造の後工程

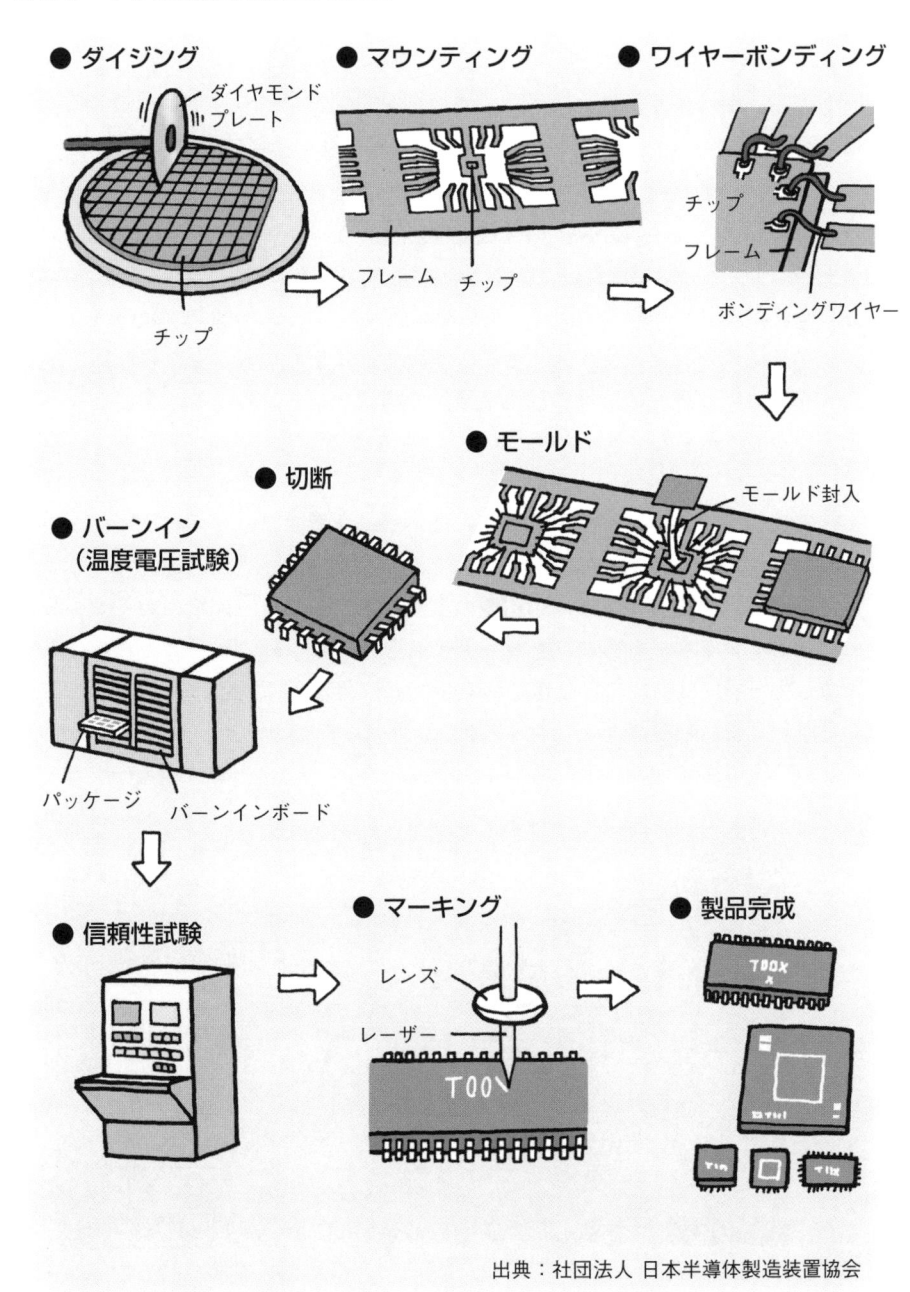

● ダイジング
　ダイヤモンドプレート
　チップ

● マウンティング
　フレーム
　チップ

● ワイヤーボンディング
　チップ
　フレーム
　ボンディングワイヤー

● バーンイン（温度電圧試験）
　パッケージ　バーンインボード

● 切断

● モールド
　モールド封入

● 信頼性試験

● マーキング
　レンズ
　レーザー

● 製品完成

出典：社団法人 日本半導体製造装置協会

💡 半導体製造とクリーンルーム

　最先端半導体メーカーはどのような施設で集積回路を製造しているのでしょうか。集積回路をシリコンウエハーに製造するプロセス・ルール、いわゆる最小加工寸法は、ムーアの法則によって将来予測がされ、それに導かれるようにして進化してきました。先端のプロセス・ルールは45nmからさらに微細化してウイルス以下の寸法です。もしウエハーの上に一匹の細菌が横たわっていれば、100個以上のトランジスターを覆い隠すことになります。さらに、どこにでもあるナトリウムは絶縁膜に影響するためにCMOSトランジスターに悪影響を与えます。このように非常にデリケートな集積回路を製造するためには高度に管理された清浄度の高いクリーンルームが必要となります。半導体工場のクリーンルームでは、空気中に浮遊するパーティクル（粒子）はHEPAフィルターと呼ばれるクリーンルーム専用のエアフィルターによって濾過され、洗浄に使用される水はイオン交換樹脂とフィルターにより超純水とされます。またクリーンルームでは、作業者が一番汚染源になります。したがって、製造ラインでは宇宙服のようなクリーンルーム用のスーツを着て作業しています。さらに、クリーンネスを上げるために作業者の数を最小限にして工場内は高度に自動化されています。このようにして1枚のウエハーから取れる良品の歩留まり（イールド）を上げることができます。

＊ HEPA = High Efficiency Particulate Air

写真提供：東京エレクトロン（株）

❗ 半導体表面の原子配列を見る方法

　シリコンやガリウムヒ素ウエハーの表面はどのような構造になっているのでしょうか。この答えを与えてくれる評価方法が、走査プローブ顕微鏡です。顕微鏡といっても光や電子ビームを用いるものではなく、少し原理を異にしています。走査トンネル顕微鏡（STM）は、非常に鋭く尖られた針（探針とかプローブと呼んでいます）を観測する試料表面からわずか1nm程度の距離を保ちながら、半導体表面の凹凸を原子レベルの空間分解能で観察できる方法です。この探針と試料表面の間にバイアス電圧が印加されると、探針と試料表面のポテンシャル障壁を通って電子が量子力学的なトンネルを起こし、そこで流れるわずかな電流（トンネル電流）を検出します。実際の測定では、電流が一定になるように印加する電圧を制御し走査することで、二次元的な表面画像が得られます。半導体や金属の表面原子を個別に見ることができる評価方法として、最近広く普及しています。

＊ STM = Scanning Tunneling Microscopy

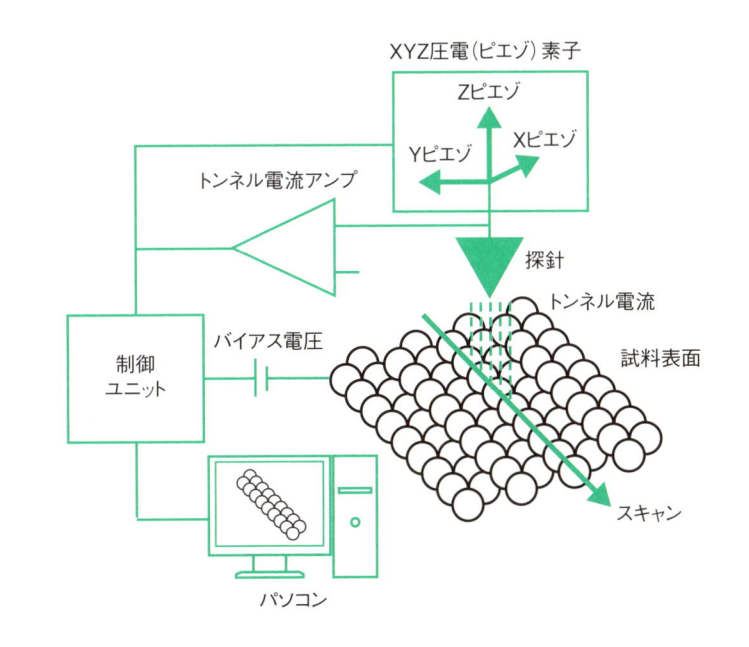

❗ X線結晶構造回折法

　半導体の結晶構造はどのようにして調べるのでしょうか。たとえばシリコンウエハーが（001）面や（111）面であるような結晶方位の調べ方です。これは、1912年にラウエによって発見された結晶格子によるX線の回折現象が利用されます。その後、この回折現象は結晶格子の格子定数を求める方法としてブラッグによって確立されました。シリコン結晶の原子が作る面にX線を入射したときに、平行な2つの面からの反射が干渉して強め合う現象を利用します。2つの結晶面の間隔をdとして、入射したX線が平面となす角度をθ（ギリシャ文字のシータ）、X線の波長をλ（ギリシャ文字のラムダ）、nを任意の整数とすると、強め合う条件は、

$$2d \sin \theta = n\lambda$$

のように表されブラッグの条件と呼ばれます。

　X線結晶回折の装置は、デフラクトメーターが用いられます。この装置ではX線回折強度を計数管で測定し、回折角度と回折強度を定量的に正確に求めることができます。この方法では試料に入射するX線の入射角度（θ）と反射角度（θ）が常に等しくなるようにして、計数管は試料の2倍の速さで回転させます。このような測定方法は、角度をθとしてθ-2θ測定などと呼んでいます。横軸を2θとして移動させながらX線回折強度を記録して、その角度から結晶格子の正確な格子定数を求めることができます。

＊（001）面、（111）面→127ページ参照

ブラッグの条件　$2d\sin\theta=n\lambda$

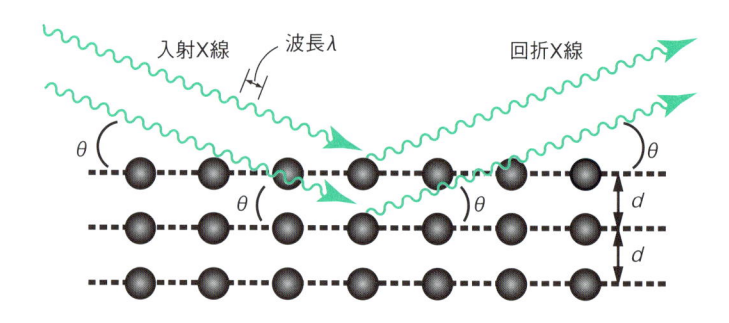

第4章

オプト
エレクトロニクス

半導体の中には、
電気エネルギーが与えられると光を発光したり、
逆に光を照射すると電気を発生するものがある。
半導体を光の発生や検出に応用する技術が
オプト（光）エレクトロニクスだ。

4.1 脚光を浴びるオプトエレクトロニクス

　オプティクス（光工学）とエレクトロニクス（電子工学）が融合した**オプトエレクトロニクス**は、電気信号を光に換えたり、光を電気信号に換える技術や研究の総称です。最近では、光（photo：フォト）を利用する意味で**フォトニクス**と呼ばれるほうが一般的になっています。

　身近なオプトエレクトロニクスの実用例としては、CDやDVDなどの光ディスクに信号を書き込んだり読み取るときに利用する光ピックアップの半導体レーザーと光センサーや、照明やディスプレイに利用される発光ダイオードなど、数え挙げるときりがありません。

　これほどオプトエレクトロニクスが脚光を浴びる理由には、現代社会に求められる、省エネや高速大容量通信といったキーワードに半導体が適しているためです。

　たとえば、発光ダイオードは低消費電力で長寿命、それに小型であるという大きな特徴を持っていますし、半導体レーザーは、光スペクトルの純度が高く低雑音で、超高速のオン・オフ制御ができるといった特徴があります。

　本章では、半導体の発光と光検知についてしくみを紹介します。

図 4-1　身近なオプトエレクトロニクスの応用例
暮らしを支えるあらゆるものに、オプトエレクトロニクスで生まれた製品が活躍している。

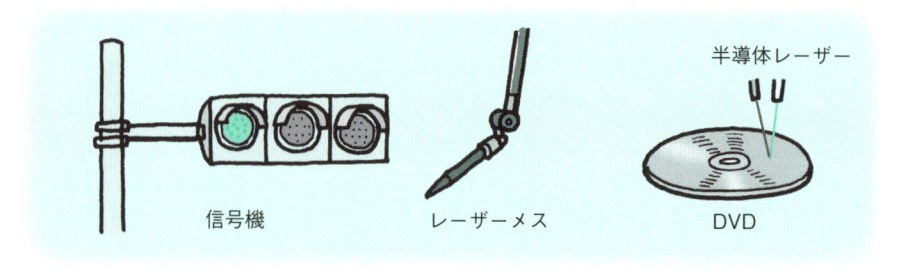

解説　スペクトル：spectrum。波長成分の配列のこと。

⚠ 半導体の発光現象はルミネッセンス

　日常的に私たちの身の回りで起こっている発光現象は、熱輻射とルミネッセンスに大別されます。熱輻射は物質が高温で加熱されたときに発光する現象です。物質の温度が高くなると温度に対応した波長域の光（輻射）が物質全体から放射されます。このような熱輻射は黒体輻射のステファン・ボルツマンの法則として知られ、物質の熱輻射の全エネルギーは物体の絶対温度の4乗に比例することがわかっています。熱輻射光は、温度が低いときには暗いオレンジ色で、温度が上がると黄色みを帯び、さらに温度を上げると青みがかった白に変色します。

　これに対して、ルミネッセンスは蛍光現象と呼ばれ、物質が光や電気、放射線、化学反応などの刺激を受けて低温でも発光する現象です。物質がこれらの刺激によってある励起状態（高いエネルギー状態）になると発光できる状態に移り、そして基底状態（エネルギーの低い安定な状態）に戻る過程で発光が起こります。ルミネッセンスを生じる原因によって、光ルミネッセンス、電気ルミネッセンス、化学ルミネッセンスなどと呼ばれ、励起する方法によってスペクトルの波長や温度依存性、寿命など多様な発光を示します。半導体の発光も、このルミネッセンスによるものです。

　なお、加速器などで作られる高速粒子による発光（シンクロトロン軌道放射（SOR））は、電子が高速で軌道運動するときに電子の進行方向に放射される光で、赤外線からX線の広い波長範囲にわたって光を発生させることができる特殊な発光現象です。余談になりますが、ホタルに見られる発光は、ルシフェリンという発光物質がルシフェラーゼという酵素を触媒として発光する生物発光で、初夏に見られる幻想的なルミネッセンスの例です。

＊ SOR = synchrotron orbital radiation

LED　　蛍

同じルミネッセンスの仲間

4・オプトエレクトロニクス

4.2 半導体が光る3つのメカニズム

　半導体に外部から光を照射して、一時的に価電子帯から伝導帯に電子を遷移させると、電子は平均的な寿命時間（ライフタイム）だけ伝導帯にとどまってから、ばらばらと価電子帯に落ちてきます。そしてこのときに電子と正孔が再結合して発光します。このような光を**自然放出光**と呼びます。

　なおこのときの発光は、伝導帯の電子分布も価電子帯の正孔分布も室温では熱的なエネルギーによって広がった分布を示すため、少しずつ違う波長を持つことになります。このような波長に広がりを持った光は、波の位相が揃っていないので、**インコヒーレント光（非可干渉光）**とも呼ばれます。

　半導体を発光させるメカニズムには、外部から光を照射する代わりに電流を流して伝導帯に電子を注入し、価電子帯への電子のバンド間遷移によって発光させる方法のほかに、半導体中に存在する不純物を介した**バンド―不純物準位間遷移**による発光や、**励起子**（エキシトン）と呼ばれる電子と正孔の結びつきが壊れることによる発光もあります。

　バンド―不純物準位間遷移による発光というのは、直接遷移型半導体であるガリウムヒ素(GaAs)にシリコンを不純物として添加すると、バンドギャップの深いところにアクセプター準位が作られ、アクセプター準位では電子が足りない（正孔が存在する）状態になっているので、伝導帯の電子がこのアクセプター準位に落ちてきて起こる発光です。バンド―不純物準位間遷移では、バンドギャップエネルギーよりも長波長の発光をすることになります。

　もう一つの発光は、電子と正孔が結びついて励起子と呼ばれる特殊な状態を作ることから生じます。電子はマイナスの電荷を正孔はプラスの電荷を帯びているので、お互いに引き寄せられて相手の周りをぐるぐる回り重心運動しています。自由に動いているものを**自由励起子**、不純物に捕まって動けなくなったものを**束縛励起子**と呼んでいます。励起子の結合エネルギーは弱く、室温の熱エネルギー程度で壊れてしまいます。このとき電子と正孔が再結合して発光します。ガリウムリン（GaP）が光りにくい間接遷移型半導体であるにもかかわらず光る理由は、この励起子に関係しているからです。

図 4-2a　半導体の自然放出発光

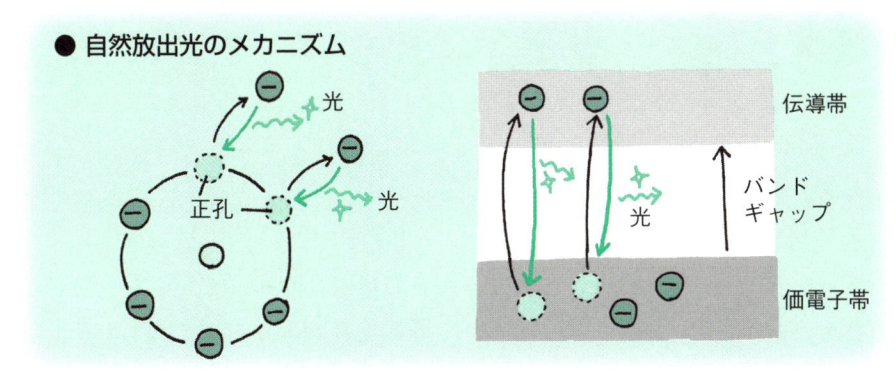

● 自然放出光のメカニズム

図 4-2b　半導体の3つの発光過程

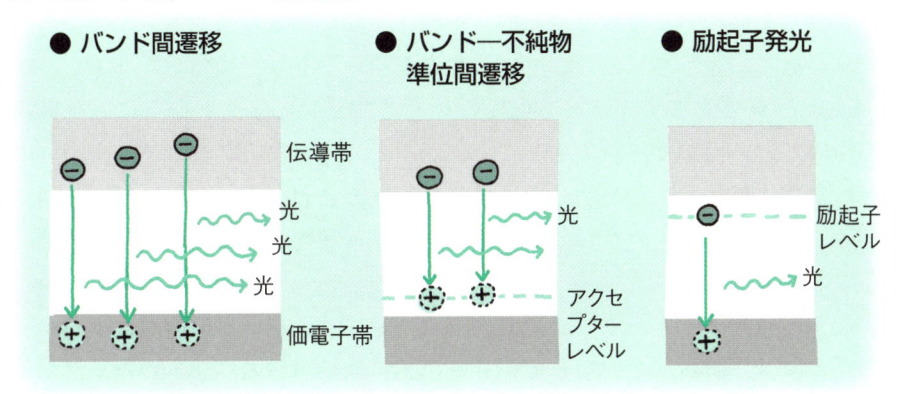

● バンド間遷移　　● バンド―不純物準位間遷移　　● 励起子発光

> ⚠ **キャリア（電子や正孔）の移動度（モビリティ）**
>
> 　光や電磁波のイメージから、電子や正孔の移動速度も光速に近い印象を持ってしまいますが、じつはキャリアの移動速度はそれほど速くはありません。たとえば、FETのソースとドレイン間約1μmに1Vの電圧を加えたときのキャリアの移動時間はおおよそ10p秒程度といわれますから、秒速に換算すれば、約10^4cm/s、つまり秒速100m程度となるのです。さらに半導体の中で電子は、イオン化した不純物による散乱や格子振動による散乱の影響を受けて移動度が小さくなってしまいます。そこで、純度の高い半導体結晶を作ることによってこのような影響を小さくし、移動度を大きくしています。

④ ③ pn接合で光る発光ダイオード

　pn接合のダイオードに順方向の電圧を加えて発光させる半導体素子が**発光ダイオード**です。発光ダイオードは、Light Emitting Diode（ライト エミッティング ダイオード）を略して**LED**と呼ばれます。

　発光ダイオードの構造は、pn接合のn形層側に陰極（カソード）と呼ぶ電極を、p形層側に陽極（アノード）と呼ぶ電極が取り付けられていて、陽極にプラスの電圧をかけて発光させます。構造が簡単なことから大量生産に向いており、非常に安価に作れます。また、白熱電球と違いフィラメントを必要としないので、軽量で機械的な振動にも強く、長寿命であることが特徴です。そして表示用に使われている発光ダイオードは、通常数ミリアンペア（mA）から数十ミリアンペア程度の小電力で発光します。さらに外部回路を用いて短い周期で点滅できるので、そのオン・オフの時間（デューティー比）を変化させることで明るさの調整を行うことができ、ディスプレイ用に使うことができます。さらにこのオン・オフを利用して、何か信号を発信することも可能です。

　なお、発光ダイオードの発光波長（発光色）は、バンド間遷移による発光の場合には、おおよそ使用している直接遷移型半導体のバンドギャップエネルギーで決まります。一方、ドーピング不純物のアクセプター準位への遷移や励起子を介した発光の場合には、バンドギャップエネルギーの波長よりも長い波長の発光になります。つまり、半導体の材料や発光現象のしくみによって発光色が変えられることから、いまでは青紫色から赤色にわたる可視光領域から赤外領域までの幅広い波長領域にわたって発光させることができるようになりました。

　たとえばガリウムリン（GaP）では赤色や緑色、ガリウムヒ素リン（GaAsP）では赤色、橙色の発光が代表例で、これらは不純物からの発光や励起子が関与した出力の弱い発光ダイオードです。リモコンに使われる赤外光のガリウムヒ素（GAaS）LEDも、シリコンの不純物準位が関与した発光の一例です。

　pn接合の発光ダイオードは、n形領域とp形領域で発光します。しかし、

電子や正孔の数が少ないと再結合する相手を見つけ出すのに時間がかかります。この間に、結晶の格子欠陥などにぶつかると発光することなく熱になって失われてしまいます。これを非発光プロセスといいます。この非発光プロセスのために、pn接合の発光ダイオードは大きな光出力が得られないという弱点を抱えています。

図 4-3a　発光ダイオードの構造
発光ダイオードのn形層側電極をカソード、p形層側電極をアノードと呼び、アノードがプラスになる順方向電圧をかけることで発光させる。

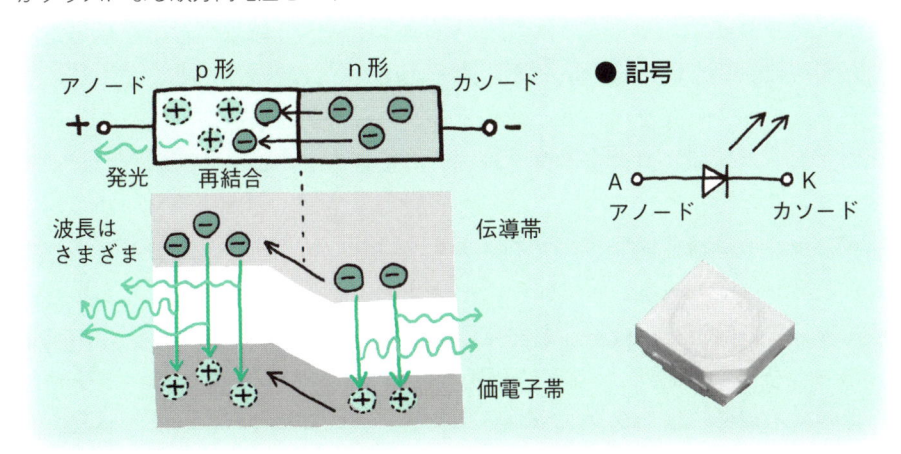

図 4-3b　代表的な発光ダイオードの半導体材料と発光色
発光ダイオードの発光色は、半導体と添加物の種類で決まる。

発光色	半導体	発光波長(nm)	発光遷移	主な用途
青紫	InGaN	405	バンド間	ランプ・表示
青	InGaN	450	バンド間	ランプ・表示
緑	InGaN	520	バンド間	ランプ・表示
緑	GaP	555	束縛励起子	ランプ・表示
黄・橙	AlGaInP	570-590	バンド間	ランプ・表示
黄・橙	InGaN	590	バンド間	ランプ・表示
赤	AlGaInP	630	バンド間	ランプ・表示
赤	AlGaAs	660	バンド間	ランプ・表示
赤外	GaAs(Si)	980	バンドー不純物レベル	リモコン
赤外	InGaAsP	1300	バンド間	光通信
赤外	InGaAsP	1550	バンド間	光通信

4-4 ダブルヘテロ構造が発光ダイオードを明るくする

　最近は、高輝度で明るい光を出す発光ダイオードの需要が増えています。明るい発光ダイオードを作るためには、（1）発光領域内で非発光プロセスを取り除き、効率のよい発光を実現する（2）発光した光が結晶中で再び吸収されないようにする（3）結晶の外側に効率よく光を取り出す、ことがポイントになります。そしてこれらは発光ダイオードを構成する半導体構造に依存する要素のため、高輝度発光に適した構造の研究が進んでいます。

　高輝度で明るい光を出す発光ダイオードの代表的な構造が、異なる半導体をサンドイッチ状に接合する**ダブルヘテロ接合**による**量子井戸構造**です（56ページ参照）。

　ダブルヘテロ構造は、バンドギャップの小さな発光層をバンドギャップの大きなクラッド（被覆）層で囲み、キャリアの閉じ込め効果を大きくした構造です。この構造を用いることで発光層における電子と正孔の再結合が起こりやすくなり、100％近い効率で発光できるようになります。そして発光した光のエネルギーはクラッド層のバンドギャップよりも小さいことから、クラッド層で吸収されることなく、結晶から効率的に光を取り出すことができます。

　さらにダブルヘテロ構造を使う効果は、発光層が直接遷移型の半導体の場合にとくに顕著に現れます。発光層では電子と正孔が閉じこめられて高濃度になればなるほど発光の再結合が速くなり、その結果高輝度で高出力、高速動作といった優れた特性が生まれることになります。

　また、ダブルヘテロ構造を作製するには格子整合（85ページ参照）の制約があるために、基板として通常ガリウムヒ素基板かインジウムリン基板などが用いられます。たとえば、ガリウムヒ素（GaAs）基板に格子整合する半導体としてアルミニウムガリウムヒ素（AlGaAs）、アルミニウムガリウムインジウムリン（AlGaInP）、インジウムガリウムヒ素リン（InGaAsP）などがあり、インジウムリン（InP）基板に格子整合する半導体はインジウムアルミニウムヒ素（InAlAs）、インジウムガリウムヒ素（InGaAs）などがあり

ます。これらの半導体を組み合わせてダブルヘテロ構造が作られています。

　格子整合ができていない場合には、接合界面で格子欠陥の発生などによって発光効率が低下し、時間とともに光強度が劣化していきます。今後は、安価なシリコン基板を用いた化合物半導体のヘテロ接合の実現により、発光ダイオードの応用範囲はますます広がると期待されています。

図4-4a　高輝度で明るい発光を妨げる要因

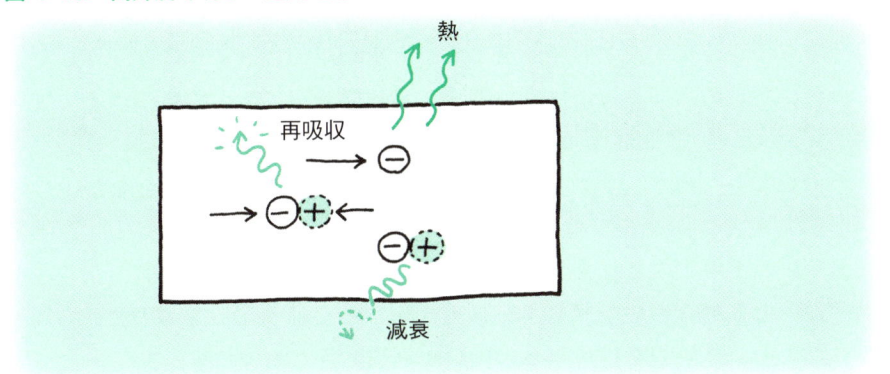

図4-4b　ダブルヘテロ構造による発光のしくみ
バンドギャップの小さい層をバンドギャップの大きな層でサンドイッチのように挟むと、量子井戸部分で電子と正孔の再結合が容易に行える。

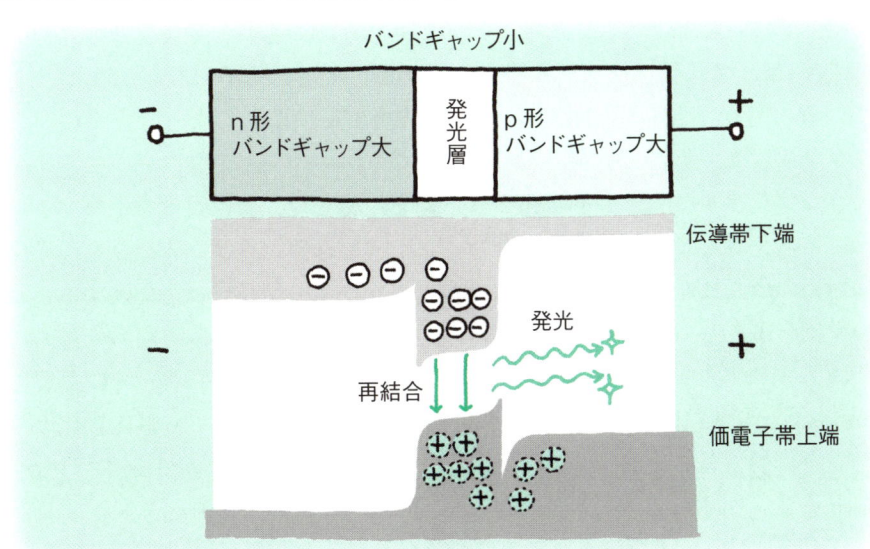

4 ⑤ 青色発光ダイオードの実現

　赤色の発光ダイオードは1960年代にガリウムヒ素（GaAs）基板上にガリウムヒ素とガリウムリン（GaP）の混晶半導体であるガリウムヒ素リン（GaAsP）を重ねることによって実現されています。その後1990年までにはオレンジ色、緑色などの発光ダイオードを利用できるようになりました。

　赤色、緑色の次にくるのは青色です。青色発光をする半導体にはⅡ–Ⅵ族半導体でセレン化亜鉛（ZnSe）などがあり、青色の発光を確認しましたが材料の難しさもあり、なかなか青色発光ダイオードの実現に至らなかった経緯があります。1994年になり、窒化ガリウム（GaN）を材料とした青色発光ダイオードが実現されました。このような青色発光ダイオードは、名古屋大学にいた赤﨑氏らの研究グループ（当時）や、日亜化学工業の中村氏ら（当時）による基礎研究や実用化への開発が実を結んだものです。

　発光ダイオードでは、基板結晶の上に基板結晶と同じ結晶構造を持つ薄膜半導体を作製することが望ましいのですが、窒化ガリウムのようなバンドギャップエネルギーの大きな半導体ではそのような基板結晶はありませんでした。そこで結晶基板としてサファイア基板が用いられ、窒化アルミニウム（AlN）などの低温バッファー層を採用することで、格子定数が16％もずれているにもかかわらず窒化ガリウムの結晶成長に成功しました。このバッファー層はまず低温で結晶とはいえないアモルファス（179ページ参照）のような窒化アルミニウムや窒化ガリウムを堆積して、次に温度を上げてこの層を結晶化させます。このようなバッファー層は窒化ガリウム結晶を作製するための成長核を与えて、横方向の窒化ガリウムの結晶成長を促進するための役割を果たしています。さらにこのような方法により厚み方向の転位の数を減らすこともできるようになりました。また、発光ダイオードに必要なpn接合を作製するために、マグネシウム（Mg）を添加してp形の窒化ガリウムを作製することにも成功しました。n形の窒化ガリウムはシリコン（Si）をドーピングすることで作ることができるので、有機金属化学気相成長法（MOCVD）によって窒化ガリウム系青色発光ダイオードが作製されています。

図 4-5a　青色発光ダイオードの構造

窒化インジウムガリウム（InGaN）層の量子井戸で発光した光は、波長がp形層のバンドギャップ長よりも小さいのですり抜けて外部に放射される。

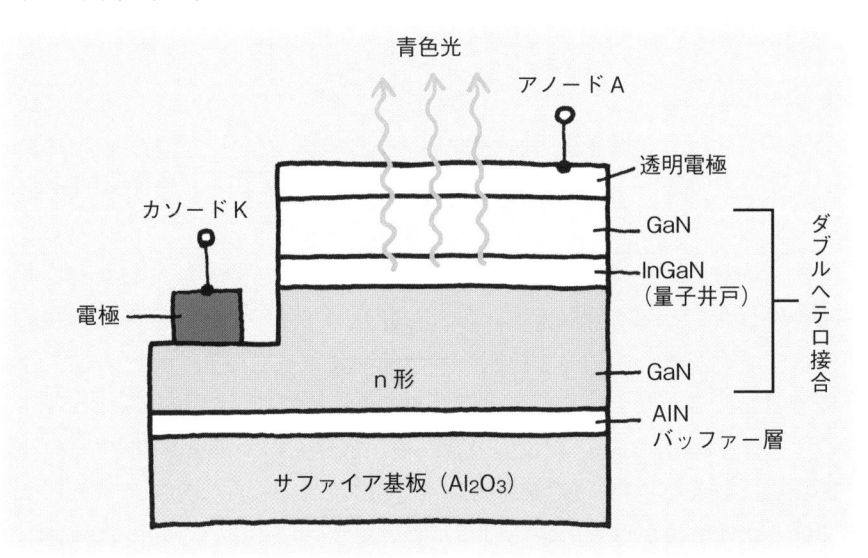

図 4-5b　低温バッファー層を用いた窒化ガリウム薄膜の成長モデル

窒化ガリウム（GaN）系薄膜単結晶を作製する基板はサファイア（Al_2O_3）が主流だが、炭化シリコン（SiC）基板や窒化ガリウム（GaN）基板も使用されている。

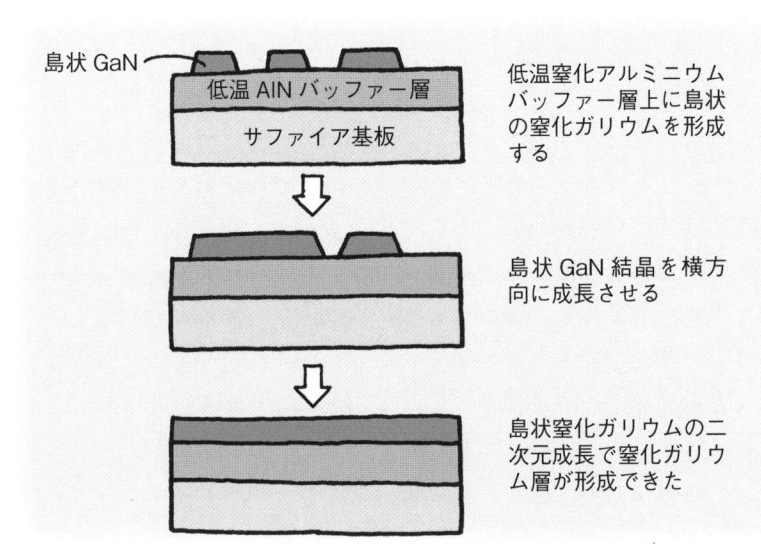

4 ⑥ 時代は白色発光ダイオード

　現在、照明として使われている蛍光灯を、消費電力の小さい耐久性に優れた発光ダイオードに置き換えようとする開発が盛んです。蛍光灯の中に封入された微量の水銀蒸気が人体に有害なことも、置き換えが望まれる理由になっています。

　ただ蛍光灯の白色光は、太陽光同様に可視光線の全光領域にわたってスペクトルが分布するのが特徴です。しかし発光ダイオードは、半導体のバンドギャップエネルギーに相当する限られた範囲の波長を発光するために、それ自体で白色光を発光させることはできません。そこで、人間の目には赤（R）・緑（G）・青（B）の光の三原色の混合が白色に見える効果を利用して、赤・緑・青あるいは青と黄色の２色（補色という）で白色光のような光を発光ダイオードで作り出そうとするものが開発されています。このようなことは、青色発光ダイオード（前出）が実現したことによってできるようになりました。そして現在、白色発光ダイオードは蛍光体を用いた方式が主流で、青黄色系擬似白色発光ダイオードといわれています。

　たとえば、青色発光ダイオードの光を黄色発光する蛍光体に照射して、青色と黄色を混ぜて白色を作り出します。このとき、青色発光ダイオードは青色発光と蛍光体の励起光としての２つの働きをすることになります。

　また、窒化ガリウム系発光ダイオード（GaN系LED）では、窒化ガリウム（GaN）と窒化インジウム（InN）の混晶を作って近紫外光を発光させることができます。この光を励起光源として青・緑・赤を発光する蛍光体と組み合わせることで白色光を得ることも可能です。さらに青色発光ダイオードのチップの発光部分を希土類元素のセリウム（Ce^{3+}）を添加したＹＡＧ系の蛍光体で覆うと、ここで蛍光として得られた赤色から緑色にわたる光と蛍光体を通過してきた青色がうまく混ざり合って白色になります。

　一方、インジウムやガリウムは希少金属で、産出する地域が偏在しており、材料の観点からは酸化亜鉛や炭化シリコン（シリコンカーバイト）などによる青色発光ダイオードの実現も望まれています。

図 4-6a　発光ダイオード自身では白色は作れない

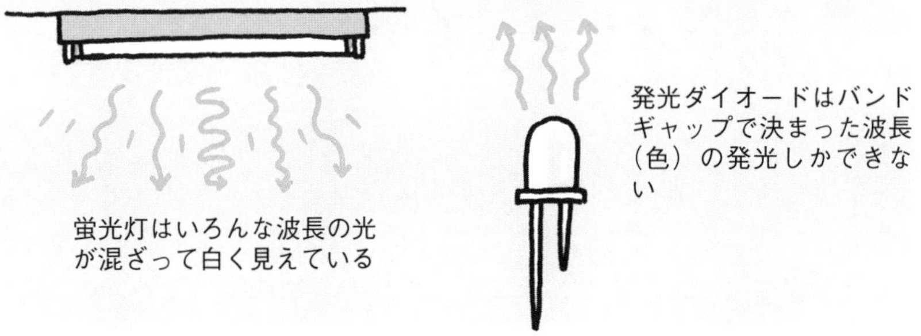

蛍光灯はいろんな波長の光が混ざって白く見えている

発光ダイオードはバンドギャップで決まった波長（色）の発光しかできない

図 4-6b　白色発光ダイオードの方式

● 発光素子を組み合わせる方法

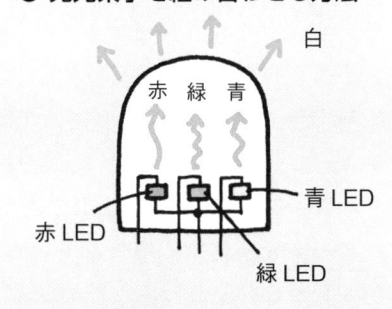

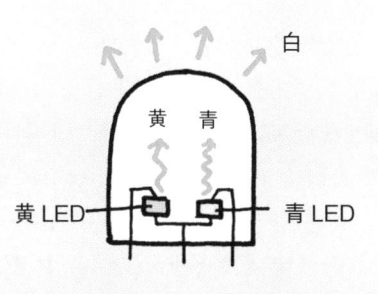

赤 LED　緑 LED　青 LED

黄 LED　青 LED

● 蛍光体を用いた方法

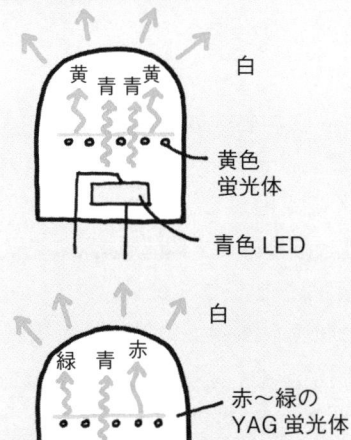

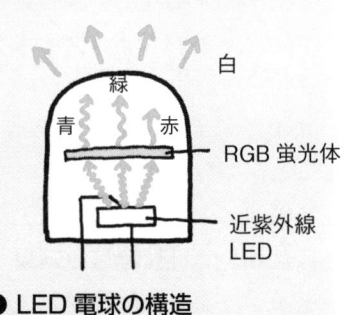

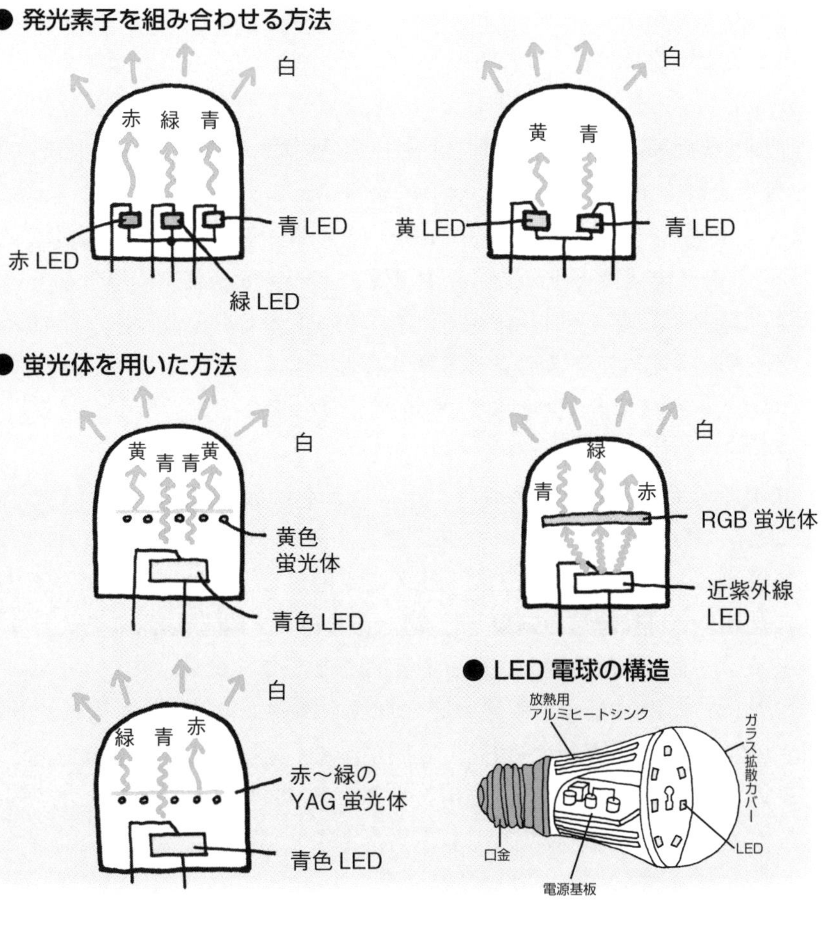

黄色蛍光体
青色 LED

RGB 蛍光体
近紫外線 LED

赤〜緑の YAG 蛍光体
青色 LED

● LED 電球の構造

放熱用アルミヒートシンク
ガラス拡散カバー
口金
電源基板
LED

4.7 光を検出するフォトダイオード

半導体にバンドギャップエネルギー以上の光を当てると、光が吸収されて伝導帯に電子が、価電子帯に正孔が生成されます。この電子と正孔をpn接合を介して電流として取り出して光を検出する素子が**フォトダイオード**です。受光感度は、光子が100個入ってきたときに何個の電子と正孔対が発生するかを示す**量子効率**によって表されます。光が受光面で反射しないような工夫をすることにより光を結晶内に効率よく取り込み、100%近い量子効率が得られています。

ところで半導体ではバンドギャップエネルギーよりも小さなエネルギーの光が入射しても光の吸収は生じないので、そのような波長の光は検出することができません。つまりフォトダイオードが受光して検出できる波長の光は、pn接合を構成する半導体によって決まることになります。一般に、波長が0.9マイクロメートル（μm：10^{-6}m）以下の近赤外領域や可視光領域ではシリコンフォトダイオードが用いられます。一方、光通信で採用されている波長は1.33マイクロメートルや1.55マイクロメートルなので、シリコンフォトダイオードでは光を透過させて使うことができません。この場合には、シリコンよりもバンドギャップエネルギーの小さなインジウムガリウムヒ素（InGaAs）が使われています。

フォトダイオードは、普通はバイアスをかけないゼロバイアスで使用することができます。ゼロバイアスでは光を照射するとp形領域にはプラス、n形領域にはマイナスの電圧が発生して電池のように外部に電流を流せるようになります（**光起電力効果**と呼ぶ）。第5章の太陽電池は、このようなフォトダイオードを多数並べたものと考えることができます。

また、p形領域とn形領域の間に真性半導体（絶縁体：i層）を挟んだ**pin（ピン）フォトダイオード**は、i層があるためにそのままでは電流が流れないので逆バイアスをかけて使用します。逆バイアスをかけると空乏層内の電界が強くなり、光を吸収して発生した電子と正孔はこの電界によって力を受け、空乏層内を高速で通り抜けます。pinフォトダイオードは、pn接合

ダイオードよりも高速で高感度の特徴があり、光通信システムや光制御に利用されています。

さらに、逆バイアスの電圧を大きくしていくと電子と正孔はさらに猛スピードで空乏層内を移動し、その際原子と衝突して新たに電子を発生させます。このようにしてねずみ算式に電子と正孔が増加することを雪崩（アバランシェ）現象と呼び、このような現象を利用して使われるフォトダイオードを**アバランシェフォトダイオード**（APD）と呼んでいます。この場合の増幅率はシリコンで100ぐらいです。このようなAPDは、もっぱら微弱な光を検出するときに使われています。

なお、このフォトダイオードにトランジスターを組み合わせて、フォトダイオードの微小な起電力を大きな電流変化として取り出せるようにした光センサー素子が**フォトトランジスター**です。

図4-7　半導体のpn接合での光起電力効果
半導体のpn接合にバンドギャップ以上のエネルギーを持つ光を当てると、起電力を生じて外部に電流が流せるようになる。

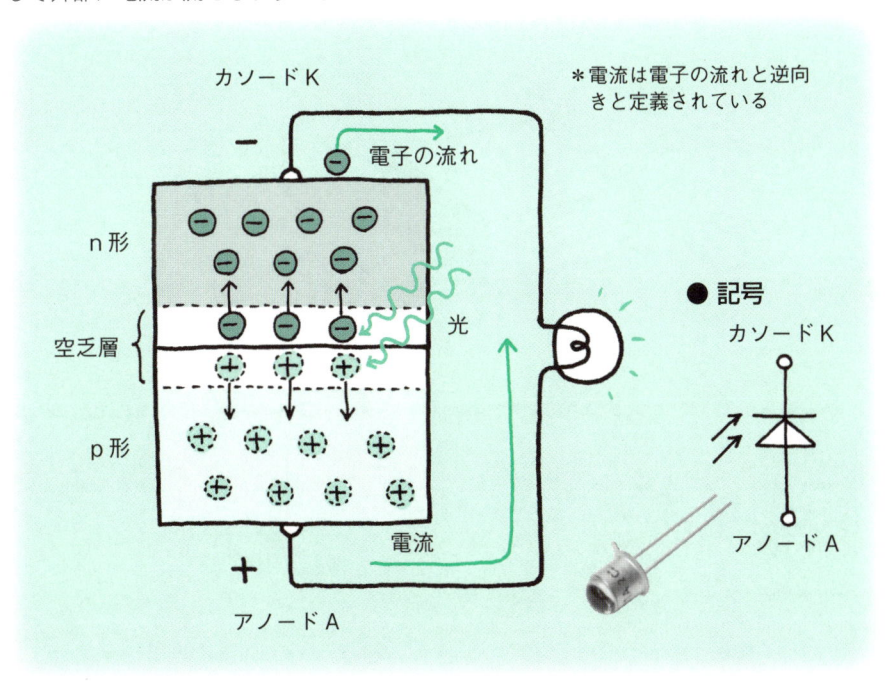

4-8 光導電効果で光を検知するフォトセル

　半導体にバンドギャップ以上の光エネルギーを当てると、光が吸収されて電子と正孔（ホール）が生成されます。その結果、電子や正孔が増加して半導体の導電率が上がります。このような効果を**光導電効果**と呼んでいます。

　光導電効果を利用すると、光強度の検出器に使えます。**フォトセル**と呼ばれるもので、可視光の検出では硫化カドミウム（CdS）やカドミウムセレン（CdSe）などが利用されています。また、赤外領域では硫化鉛（PbS）やセレン化鉛（PbSe）などが用いられています。

図 4-8　光導電効果
半導体にバンドギャップ以上のエネルギーを持つ光を当てると、価電子帯の電子が伝導帯にジャンプして、光の強さに応じて伝導体の電子（価電子帯の正孔）の量が変化する。つまり光の強弱で半導体の導電率（抵抗率）が変化することになる。これを光の強度検知器として利用したのがフォトセルだ。

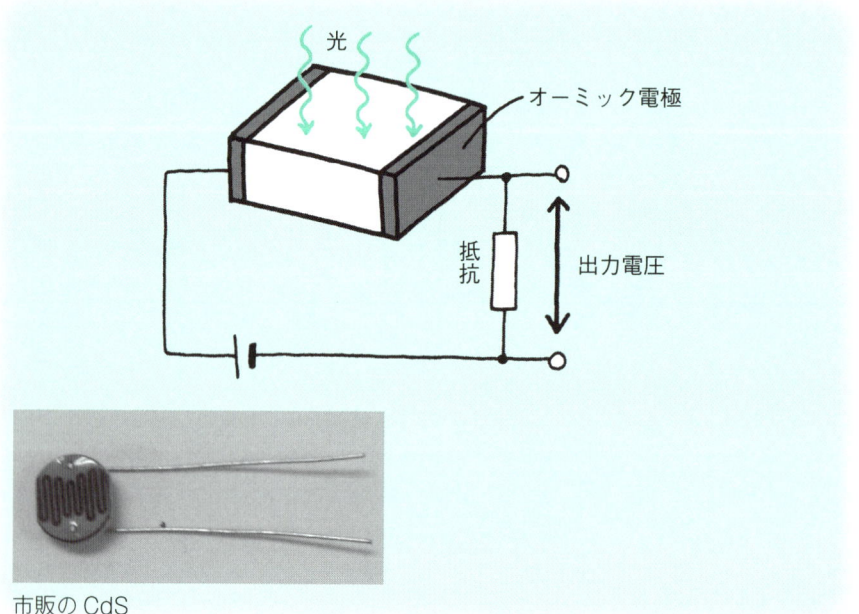

市販のCdS

❗ 電子と正孔はどうやって見分ける？

　半導体がn形なのかp型なのかを調べたり、そのキャリアの濃度や移動度のような半導体の基本的な性質を調べる方法として、ホール効果の測定があります。ホール効果のホール（Hall）は、1879年にこの効果を発見した人の名前で、正孔を意味するホール（hole＝正孔）とは違います。

　正孔がキャリアであるp形半導体を考えます。たとえば正方形に切り出したp形シリコン基板です。このシリコン基板の横方向（y方向）に電流を流し、垂直方向（z方向）に磁界をかけます。正孔が速度vで動いていると、この正孔にはよく知られたローレンツ力が作用して、横方向（x軸の正の方向）に正孔が偏り正の電圧が発生します。この電圧をホール電圧と呼びます。キャリアが電子の場合には逆の電圧が発生しますので、このホール電圧の向き（極性）を調べることでp形とn形を区別することができます。

　生じるホール電圧は電流と磁界に比例し、その係数をホール係数と呼びます。電流と磁界はわかっていますから、ホール電圧の測定からキャリア濃度を求めることができます。また、電圧と電流の関係から電気導電率を算出して、キャリアの移動度を決めることができます。

　エピタキシー技術で作製した半導体の薄膜では、ホール効果を測定する方法としてファン・デア・パウ法と呼ばれる便利な方法があります。この方法は任意の形状の試料に対応するために考案された方法ですが、実際の測定では、クローバ形のものや正方形の4つの角にオーミック電極が作られているものが用いられています。

● n形半導体

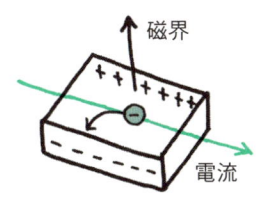

● p形半導体

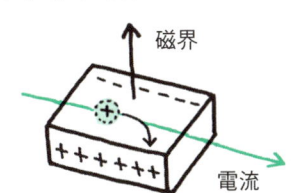

ローレンツ力で電子や正孔の軌道が変わり、半導体側面間に電位差が生じる

4⑨ レーザーとはどんなものなのか

　レーザー（LASER）は、Light Amplification by Stimulated Emission of Radiation（輻射の誘導放出による光増幅）の頭字語から名付けられたもので、1960年にアメリカのメイマンによって実験が成功しました。このときメイマンがレーザー物質として選んだのは、アルミナの中に0.05％のクロムイオン（Cr^{3+}）を含んだピンクルビーの宝石でした。

　このレーザーは、直径5ミリで長さ4センチの棒状（ロッド）のルビーの両面を平行に研磨して銀を蒸着し、側面には光源（ポンピング光源と呼びます）としてフラッシュランプを巻き付けた構造をしています。

　メイマンの発明したルビーレーザーでは、クロムイオンからの発光が種になり、そこにフラッシュランプでエネルギーを与えることでさらにクロムイオンの発光を増大させて、その光が両面の銀の鏡の間を反射して何回も往復するうちに、ついにある限界を超えて6,943オングストローム（Å：10^{-10}m）の波長を持つレーザービームとなって放出されます。

　媒体の中でどんどん増幅される光は、その間に波の形（位相）がきれいに揃った光となります。このような位相の揃った光は、2つ重ねると鮮明な干渉縞が現れることから、**コヒーレント**（coherent：可干渉性）な光と呼んで、普通の蛍光灯などの位相の揃わない光と区別しています。

　なお、ルビーレーザーの光は連続ではなく、断続的な（パルス的な）光でした。メイマンの最初のレーザー実験の成功後、ルビー以外にも多くのレーザー物質が発見されています。たとえば固体材料を用いる固体レーザーでは、大きな光出力を出せる**YAGレーザー**が代表格です。また、気体を用いた**ガスレーザー**では、ヘリウム－ネオンレーザーやアルゴンイオンレーザーが代表的なものです。

　また、**色素レーザー**は橙色に光るローダミン6Gなどの有機色素材料を用いて、波長をある範囲で可変できるレーザーの一種です。

　半導体では、1962年にガリウムヒ素（GaAs）を用いたレーザーが開発され、低温でパルス的なレーザー発振が観測されました。

図 4-9a　メイマンの実験したルビーレーザー装置のしくみ

フラッシュランプの光でクロムイオンが励起して光を発すると、それが次々に増幅され、鏡面で反射を繰り返すうちに波の形が揃ったビーム光線になる。

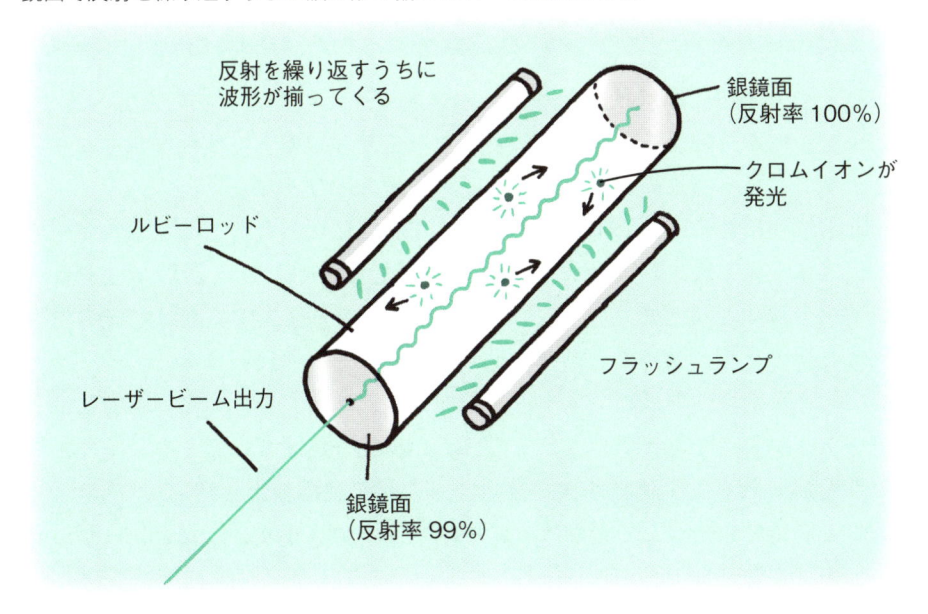

図 4-9b　レーザー物質（活性媒体）の分類

固体レーザー	ルビーレーザー	クロムイオンを含有したアルミナ
	YAGレーザー	Y:イットリウム　Al:アルミニウム G:ガーネットの結晶
ガスレーザー	原子レーザー	He-Neレーザー　He:ヘリウム　Ne:ネオン
	分子レーザー	CO_2レーザー　CO_2-He-Ne
	イオンレーザー	Arイオンレーザー　Ar:アルゴン
	エキシマレーザー	希ガスレーザー
色素レーザー	ローダミン6G	アルコールに色素を溶かしたもの
半導体レーザー	GaAsレーザー	ガリウムヒ素のヘテロ接合

4-⑩ レーザー発振はどのようにして起こるのか

　原子や分子は、**基底状態**と呼ばれるエネルギーの安定な状態を好みます。しかし、何か外部からの刺激でエネルギーを受け取ると、活性な状態になることがあります。このような状態を**励起状態**と呼びます。

　励起状態になると、原子や分子は安定な状態に戻ろうとしてエネルギー間に相当する光を放出します。この現象を**自然放出**と呼んでいます（アインシュタインが解明しました）。ただ、これでは瞬間的に発光するだけで光の増幅にはなりません。発光の増幅を実現するキーワードが**反転分布**です。

　反転分布は、外部からエネルギーを加えて、エネルギーの高い状態に電子がたまりやすくした状態のことです。この反転分布状態の原子や分子に種になる光が当たると、誘導されて発光し（これを**誘導放出**と呼ぶ）、その発光がさらに発光を誘導して光が次々に増幅されていきます。これを**レーザー発振**と呼びます。

図4-10a　原子（分子）やイオンの光の自然放出現象

外部から強いエネルギーを受けた原子や分子は励起状態となり、元の安定状態（基底状態）に戻ろうとする。そして基底状態に戻るときに発光する。

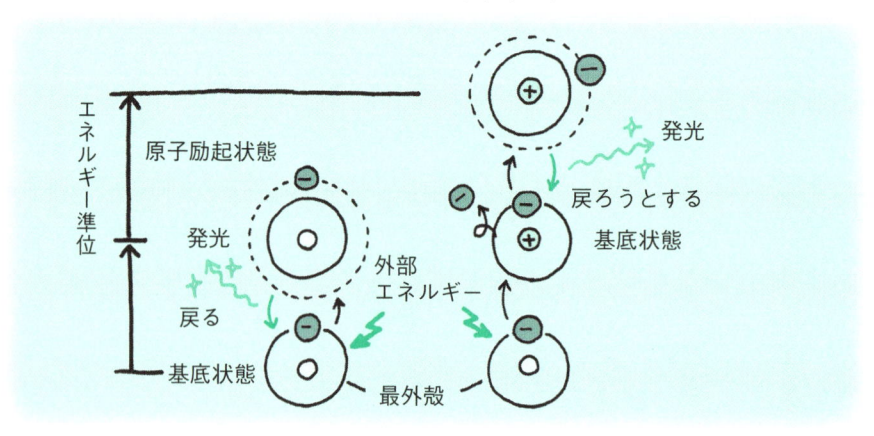

解説　発振：出力の一部が入力にループして同相で戻ることで、連続的な振動が発生すること。

このように発光には自然放出と誘導放出があり、レーザー発振ではこの誘導放出をどのように発現させるかが鍵となるわけです。

さらに、この誘導放出を起こしている物質を**光の共振器**の中に入れて、光増幅を行います。ルビーレーザーの場合には、両面に鏡が付いたルビーのロッドが共振器（**ファブリ・ペロー共振器**）になっています。

図 4-10b　反転分布と誘導放出によるレーザー発振
電子は光吸収によって準位 1 から準位 3 に光遷移し、次に準位 3 から準位 2 に光を出さない遷移（無輻射遷移）をし、反転分布を作り出す。

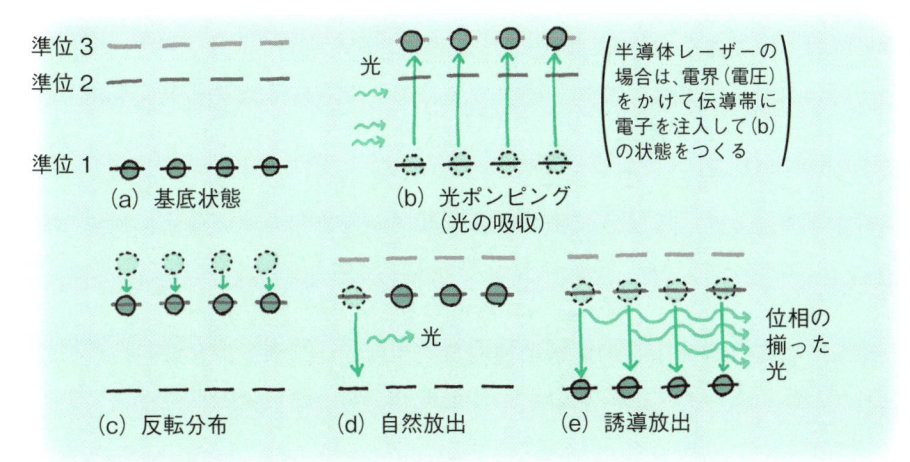

準位 3
準位 2
準位 1

(a) 基底状態
(b) 光ポンピング（光の吸収）
半導体レーザーの場合は、電界（電圧）をかけて伝導帯に電子を注入して(b)の状態をつくる

(c) 反転分布
(d) 自然放出
(e) 誘導放出

位相の揃った光

図 4-10c　光共振器
レーザー光の波をきれいに重ねて強めるのが共振器の役割。

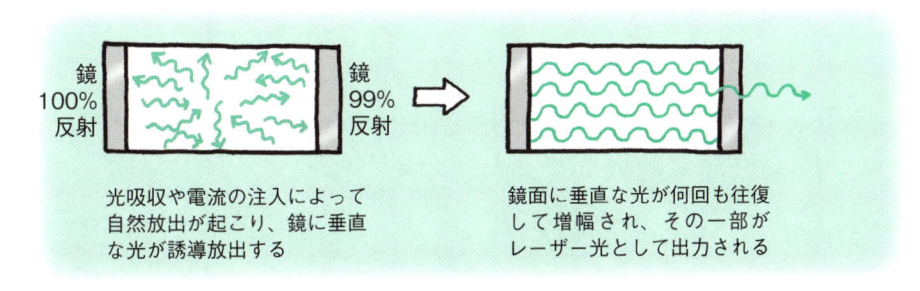

鏡 100% 反射
鏡 99% 反射

光吸収や電流の注入によって自然放出が起こり、鏡に垂直な光が誘導放出する

鏡面に垂直な光が何回も往復して増幅され、その一部がレーザー光として出力される

> **解説　ファブリ・ペロー共振器**：2 枚の平面反射鏡をある間隔で向かい合わせて、特定の波長で共振させるもの。

4-11 半導体レーザーの基本構造

　光を発生し増幅する活性媒質と、レーザー発振させるための光共振器を半導体材料で構成したものが半導体レーザーです。半導体レーザーでは、pn接合の間に活性層となる（p形n形の不純物を含まない）真性半導体層を挟んで**ダブルヘテロ接合構造**を作り、その活性層で種となる自然放出光の発生と誘導放出による光の増幅を行います。なお真性（intrinsic）半導体の頭文字iから、このような接合のことを **pin接合** と呼びます。

　半導体材料には発光しやすいガリウムヒ素（GaAs）などの直接遷移型（48ページ参照）の半導体を用います。たとえば、バンドギャップの小さなガリウムヒ素を活性層としてアルミニウムガリウムヒ素（AlGaAs）の混晶半導体でサンドイッチするように挟み、キャリアがたまりやすい**量子井戸**を作ります。このとき、アルミニウムガリウムヒ素の組成比を変えることで、0.7 μm から 0.9 μm のレーザー発振を設定することができます。

　そしてこの半導体構造の両端は鏡面加工されているので、そこがファブリ・ペロー共振器となって光の反射が繰り返され、レーザー発振に至ります。

図4-11a　半導体レーザーの構造
pn接合の間にある活性層で自然放出された光が誘導放出で増幅され、両面に鏡面加工が施された共振構造によってレーザー発振が起こる。

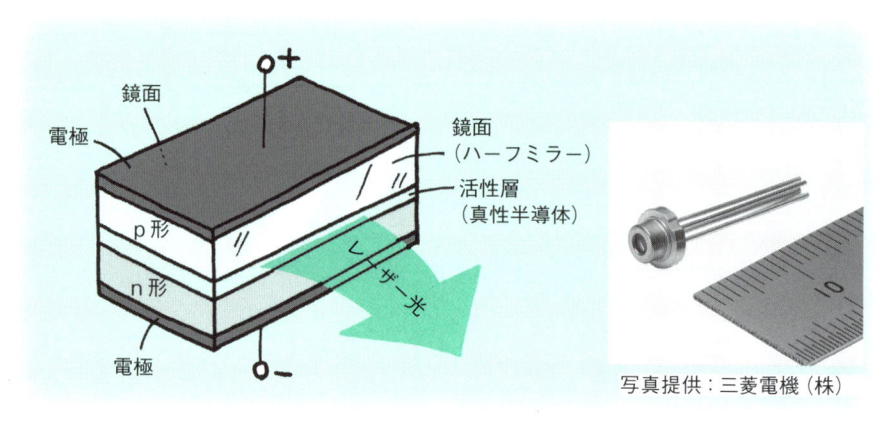

写真提供：三菱電機（株）

光共振器の鏡面は、半導体の場合は結晶の割れやすい面（これを**劈開面**（へきかい）と呼びます）が利用されます。たとえば図4-11cで見るように、結晶の（011）面や（0−11）面が鏡面、そして光の出てくる端面として利用されます。

　このように直接遷移型半導体のダブルヘテロ構造を採用することによって、初めて室温で動作する半導体レーザーが実現しました。しかし将来、シリコンのような光りにくい間接遷移型の半導体を利用してレーザー発振が実現できれば、それは技術のブレークスルーとなります。

図4-11b　量子井戸による発光のしくみ
バンドギャップの小さい材料をダブルヘテロ接合でサンドイッチのように挟んでキャリアをためる量子井戸を作り、そこで電子と正孔を再結合（遷移）させて発光を得る。

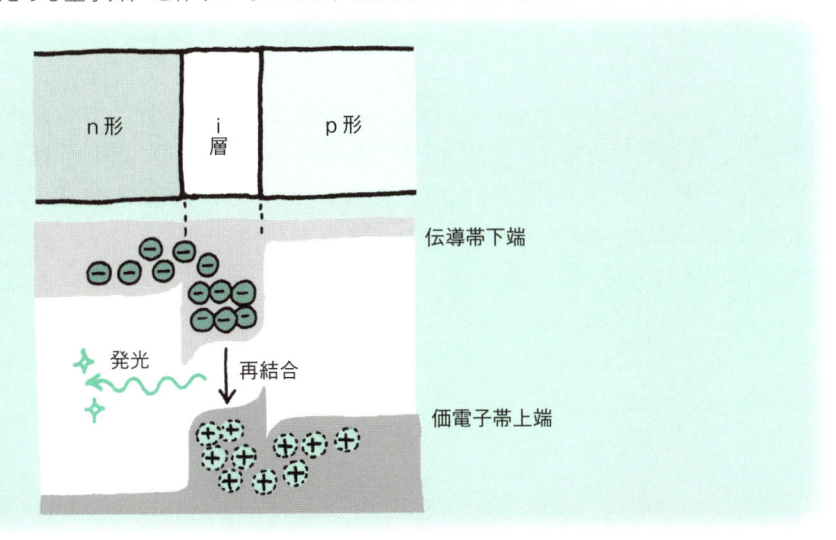

図4-11c　半導体レーザーで鏡面に使われる結晶面
結晶面については127ページ参照。

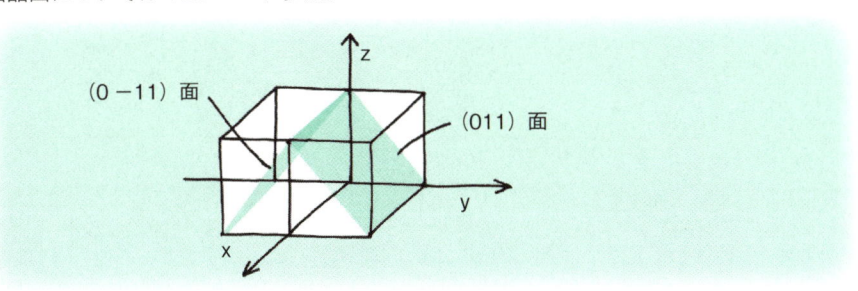

❗ 今、そこにある危機

　最近、研究や技術に関する倫理がよく話題になるようになりました。新聞にも学術論文のデータ捏造や遺跡発掘捏造事件の記事が掲載され、大きな社会的問題となるケースもあるようです。2000年以降、半導体の分野でも有名な科学論文の捏造事件がありました。トランジスターの発明で有名なアメリカのベル研究所で起こった有機半導体トランジスターに関するデータの捏造事件です。主人公はまだ若いヘンドリック・シェーンで、その事件は論文数も多くノーベル賞にも匹敵する研究であったために世間に大きな衝撃を与えました。5年間にシェーンがファーストオーサー（筆頭著者）として出版した論文数は63にもなり、そのなかには「ペンタセン分子性結晶の表面に作製した電界効果トランジスター構造の二次元電子系が、高温超伝導やレーザー発振を示す」といったすばらしい研究内容があったわけです。しかし、それらのデータの中に人為的なデータ操作が行われたのではないかという疑惑が起こり、捏造事件が発覚しました。半導体分野ではありませんが、韓国ソウル大学のファン・ウソク教授による「ES細胞すべて捏造」は2006年1月の新聞に大きく取り扱われた有名な捏造事件です。このような背景から科学的な健全さ（scientific integrity）をどのように保つかが問題になっています。

第5章

半導体
発電素子

半導体に光や熱などの
外部エネルギーを加えると起電力が発生する。
この起電力をエネルギーとして活用しようとする研究が進んでいる。

5① 太陽光を電気に変える太陽電池

　クリーンエネルギーの主役として注目される太陽電池は、さまざまな発電素材で研究開発が進められていますが、そのどれもが第4章で説明したフォトダイオードと同じ半導体のpn接合を応用したものです。

　一般に普及している結晶シリコン太陽電池は、p形シリコンウエハーの表面に熱拡散でn形層を形成してpn接合を作ります。そしてさらに表面に窒化シリコン（SiN）膜で太陽光の反射防止膜を作り、その上に櫛形に電極を形成します。裏面にアルミ電極を蒸着すれば**シリコンソーラーセル**の完成です。

　実際のソーラーセルでは、太陽光をできるだけ多く結晶内部に取り込むよう、表面を逆ピラミッド状の凸凹構造（**テクスチャー**）にして、入射面から反射した光を別の面で吸収するように工夫されています。そして表面の反射防止膜でさらに反射を低減しているため、ソーラーセルの表面は光がほとんど戻らないので黒く見えます。シリコンソーラーセル1つの起電力は約0.5ボルトで、10センチから15センチ角のセルを何枚も直列につないで、ガラスとバックフィルムで封止したものが**太陽電池モジュール**です。

　なお、太陽電池で発電される電力は直流ですから、実際に家庭で使うときには、**インバータ**と呼ばれる回路で交流に変換します。また、電池といっても乾電池のように電気を蓄えておく機能はありません。

　あらためて発電原理を見ておきましょう。

　pn接合に太陽光が当たると、バンドギャップ以上の光エネルギーを吸収して、伝導帯に電子が、価電子帯に正孔が発生します。発生した電子はn形半導体のほうに移動し、正孔はp形半導体のほうに移動します。

　その結果、p形領域にはプラス、n形領域にはマイナスの電圧が発生して、外部に電流を流せるようになります。なお、電流はプラスのp形領域側の電極からn形領域側の電極に向かって流れます（電子の流れの逆向きが電流の流れ）。これが半導体pn接合の**光起電力効果**です。

図 5-1a　シリコンソーラーセルの構造
pn 接合の表面をテクスチャー構造にして、反射防止膜で覆って光の吸収度を高めている。

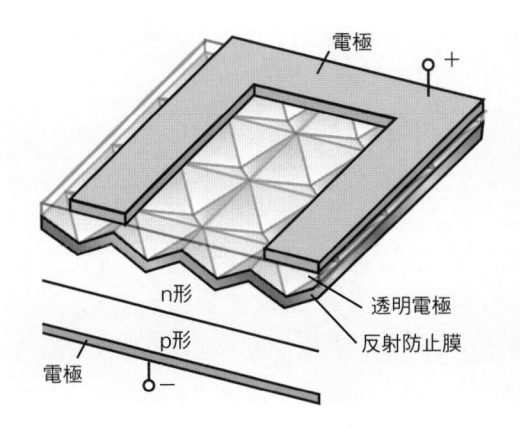

図 5-1b　半導体 pn 接合の光起電力効果
原理は第 4 章で紹介したフォトダイオードとまったく同じだ。

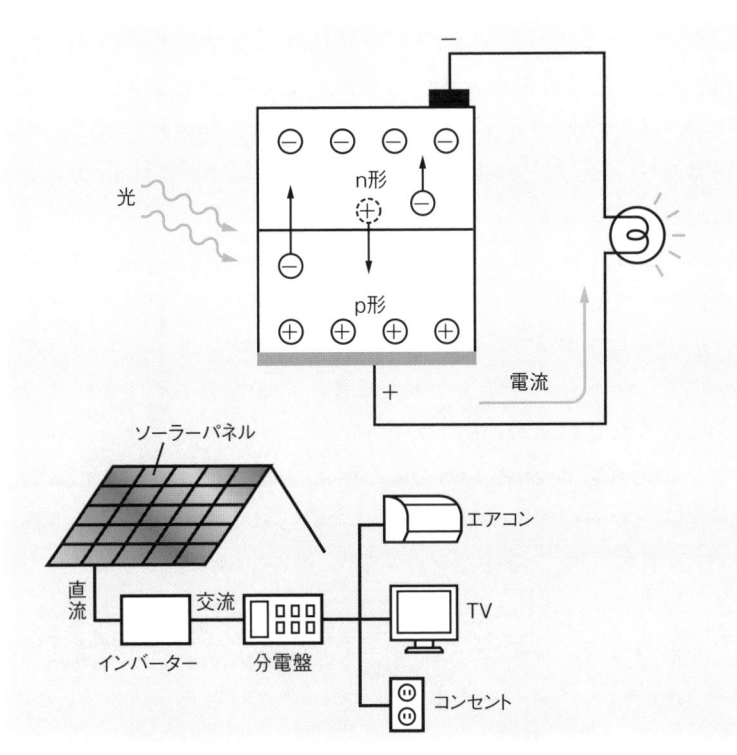

5-2 太陽電池の種類と変換効率

　現在開発されている太陽電池は、素材別にシリコン系と化合物系、そして有機物系の3種類に分類され、なかでも早くから開発が進んだシリコン系の太陽電池が、現在もっとも実用化が進んで普及しています。

　太陽電池の普及に求められる条件は、コストパフォーマンスです。製品モジュールで太陽光を受けて、単位面積あたりでどのくらいの電気エネルギーを取り出せるのかを表す性能を**変換効率**といいますが、変換効率は太陽電池のコストパフォーマンスの鍵を握るもっとも重要な性能です。現在一般家庭の発電用に利用されている多結晶シリコン太陽電池モジュールで変換効率は約15%程度です。

　太陽は、おおよそ1平方メートルあたり1,000ワット（W）相当の光エネルギーを地上に注いでいます（場所や季節によって異なります）。100ワットの電球10個を点灯させる電力です。そのとき太陽電池モジュールの変換効率が15%であれば、100ワットの電球1.5個を点灯させられる電力が得られることになります（日本で1家庭の電気をまかなうには、30～40平方メートルの太陽電池パネルが必要）。

　半導体ではバンドギャップエネルギーより長い波長の光は透過してしまうため、発電には寄与しません。しかし長い波長まで吸収して電気に変えられるようにバンドギャップエネルギーの小さな半導体にすると、こんどは取り出せる電力が小さくなるという悩みがあります。そのためエネルギー変換効率がもっとも大きくなる最適のバンドギャップエネルギーはおよそ1.4eVとされ、このときの**セル変換効率**は理論的に約30%といわれています。つまりこれが半導体ソーラーセルの理論的限界と考えられるのです。セル変換効率は、ソーラーセルレベルでの性能を表す値ですから、実際に製品としてモジュール化されたときの**モジュール変換効率**は、これより下がります。

　さらにコストパフォーマンスを考えるうえで問題になるのは製品価格です。たとえば、多結晶シリコン太陽電池より約4%ほど変換効率がよいとされる単結晶シリコン太陽電池は、単結晶化の製造工程によるコスト高が普

及の足かせになっています。いっぽう、変換効率は10%以下と劣るものの、シリコンの使用量が少なくてすみ大量生産できるアモルファスシリコン太陽電池が電卓などに使われて普及している理由もそこにあります。

さらに、製造時の電力消費やCO_2の排出といった環境負荷をトータルにマネージメントすることも求められます。

図 5-2　太陽電池の主な種類
太陽電池は使用される素材によって大きく3種類に分類される。

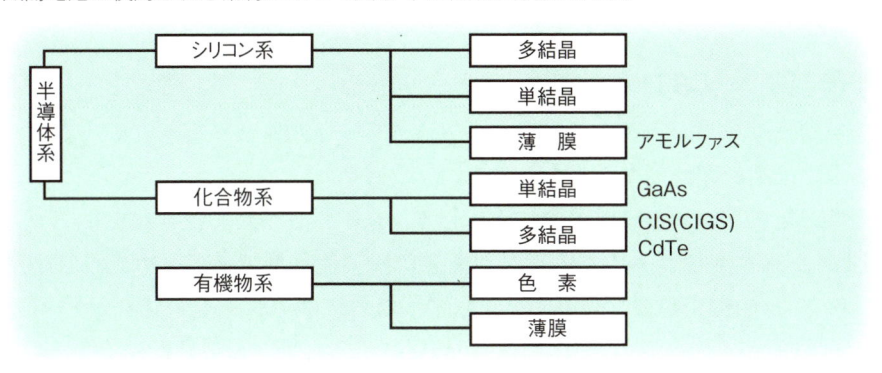

```
                ┌─ 多結晶
       ┌─ シリコン系 ─┼─ 単結晶
       │        └─ 薄　膜    アモルファス
半導体系 ─┼─ 化合物系 ─┬─ 単結晶    GaAs
       │        └─ 多結晶    CIS(CIGS)
       │                  CdTe
       └─ 有機物系 ─┬─ 色　素
                └─ 薄　膜
```

> ❗ **変換効率を表す JIS 規格（公称効率）**
>
> 　太陽電池の変換効率を論じるときに、入力光のスペクトルや太陽電池につなぐ負荷が変われば、取り出せる電気出力も変化することから、何か一定の測定条件を決めておく必要があります。そこで JIS では基準状態が定められていて、その状態下での変換効率を公称効率といって表示することになっています。これは、太陽光の空気質量透過条件が AM1.5 で、100mW／cm^2 の入射光パワーに対して（気温25℃）、負荷条件を変えた場合の最大電気出力との比を百分率で表したものです。
>
> 　空気質量透過条件は、太陽光が上空にあるオゾン層による紫外線吸収や水蒸気による赤外線吸収、空気中のチリなどの影響を受けて地表に到達することから、これらの吸収や散乱を受けない状態を AM0（AM：Air Mass = 空気質量）と定めた条件値です。太陽が天頂にあるときの地表条件は、AM1 とされ、AM1.5 というのは、日本付近の緯度の地上における平均的な太陽光スペクトルの照射状態です。

5③ 普及が進むシリコン系太陽電池

シリコン系太陽電池は、結晶シリコンと薄膜シリコンに大別できます。現在、太陽電池市場の90％以上を占めているのが結晶シリコン太陽電池で、単結晶シリコンと多結晶シリコンの2種類があります。薄膜シリコンの代表格はアモルファスシリコンです。

●単結晶シリコン太陽電池

単結晶シリコン太陽電池は、変換効率が16～20％と量産されているものの中では高い変換効率が得られます。

単結晶シリコン太陽電池の特徴として、以下の5つが挙げられます。

（1）シリコンはエネルギーバンド構造が間接遷移型であるため光吸収率が小さく、発電に必要な太陽光を吸収するためには100マイクロメートル（μm：10^{-6}m）の厚さのシリコン層が必要になるため、原料費が高くつく。

（2）多結晶やアモルファスと比較して、エネルギー変換効率が高い。

（3）製造がシリコン集積回路の製造と類似しているので、製造技術が成熟している。

（4）シリコンの埋蔵量は多いので、大規模な電池の製造に適している。

（5）シリコンは環境に及ぼす影響が少ない。

単結晶シリコン太陽電池では、特長を生かし、弱点を補うためにいまも研究が重ねられています

まず、発電効率を向上させる方策としては、受光部をふさぐ金属電極を裏面電極と同じ面に取り付ける背面電極構造が提案されています。また、シリコン材料の節約が低価格化につながるため、薄いシリコン基板を採用する技術も今後の課題です。

●多結晶シリコン太陽電池

多結晶シリコン太陽電池が単結晶シリコン太陽電池と大きく異なる点は、結晶自体の特性です。

多結晶シリコン基板は鋳型にシリコン融液を流し込み、徐々に冷ましてインゴットを作り、それを薄くスライスして作ります（これを**キャスト法**と呼ぶ）。こうして作られる多結晶シリコンは、ひとつひとつの粒は単結晶ですが、その単結晶粒はお互いにばらばらな方向を向いています。その結果、太陽光を吸収して発生した電子や正孔は、結晶粒の境界（結晶粒界）で捕まったり、移動が妨げられて電気の変換効率は低下してしまうのです。現在、量産されている多結晶シリコン太陽電池の変換効率は、14〜18%とされています。

　多結晶シリコン太陽電池は単結晶シリコンのような高度な結晶製造工程が必要ないために、製品価格を下げられるメリットがあります。製造方法はシリコン融液を冷ますだけですから、製造時間が早く、さらに大きな結晶を作れる特徴があります。

　なお、太陽電池のシリコン原材料の純度は、集積回路に使われるほどの高純度は必要なく、ここでも原材料の低価格化が図れます。集積回路用の高純度シリコンを半導体グレード（半導体級）と呼ぶのに対して、太陽電池用シリコンはソーラーセルグレード（太陽電池級）と呼んで区別されます。

図 5-3a　多結晶シリコン太陽電池モジュール
多結晶シリコンは結晶の向きが一定方向に揃っていないので、太陽電池の表面を見るとまだら模様に光って見える。

タミヤ模型の工作用太陽電池

●アモルファスシリコン太陽電池

　シリコンの材料は地球上にたくさん埋蔵されていますが、高純度シリコンの精製には大量の電力を必要とするため、もっぱら電気料金の安い海外で精製は行われています。そのため、世界のシリコン精製能力には限界があり、太陽電池の需要が拡大すると、シリコンインゴットの価格の上昇が懸念されます。また、シリコンインゴットの精製時の電力消費は、環境負荷面での問題を含みます。太陽電池の開発においては、シリコン材料の節約は大きなテーマなのです。

　もし、透明なガラスの上にシリコン薄膜を作成して太陽電池が実現できれば、シリコン材料は少なくてすみ、低価格で利用しやすくなります。このような要求に応えるのが**アモルファスシリコン太陽電池**です。

　アモルファス（amorphous）とは、"あいまいな"とか"特色のはっきりしない"などの意味で、原子配列に秩序のない固体を表します。**非結晶**とも呼ばれ、単結晶とも多結晶とも異なる結晶状態を持ちます。

　身近なアモルファス状態の物質にガラスがあります。そこでアモルファス半導体をガラス半導体と呼ぶこともあります。

　半導体結晶の電気的特性や光学的性質は、原子が規則正しく並んでいることによるバンドモデルによって説明しました。原子が不規則に並んだアモルファスでも、短距離的な秩序はある程度保たれているので少しぼやけているものの伝導帯や価電子帯は存在すると考えられます。しかし、アモルファスでの電子の伝導は、通常の伝導帯による伝導のほかに、バンドギャップ中に存在するエネルギー準位（局在準位）の間をぴょんぴょんと渡り動く**ホッピング伝導**の存在が大きな特徴です。

　アモルファスシリコンの代表的な製造法が、シランガス（SiH_4）を用いた**プラズマ化学気相成長法（プラズマ CVD）**です。シランガスが導入された真空装置の中でガラス基板と上部電極板の間に高電圧をかけて放電し、シランガスを分解します。シラン分子から分解したシリコン原子は、ガラス基板に堆積して薄膜を作ります。このとき一緒に発生した水素原子も堆積します。ガラス基板を200℃から400℃ぐらいにしておくと、水素原子が10～20％程度とほどよく取り込まれたアモルファスシリコン膜が形成されます。この

水素がアモルファスシリコンの構造的欠陥を著しく低減してくれる働きをして、優れた太陽電池薄膜応用の可能性を広げてくれています。その意味でアモルファスシリコンは、一般には**水素化アモルファスシリコン**（a-Si:H）と呼ばれます。

図 5-3b　アモルファス（非結晶）状態
アモルファスは近接する原子の距離や格子の結合角がばらばらで統一がない。

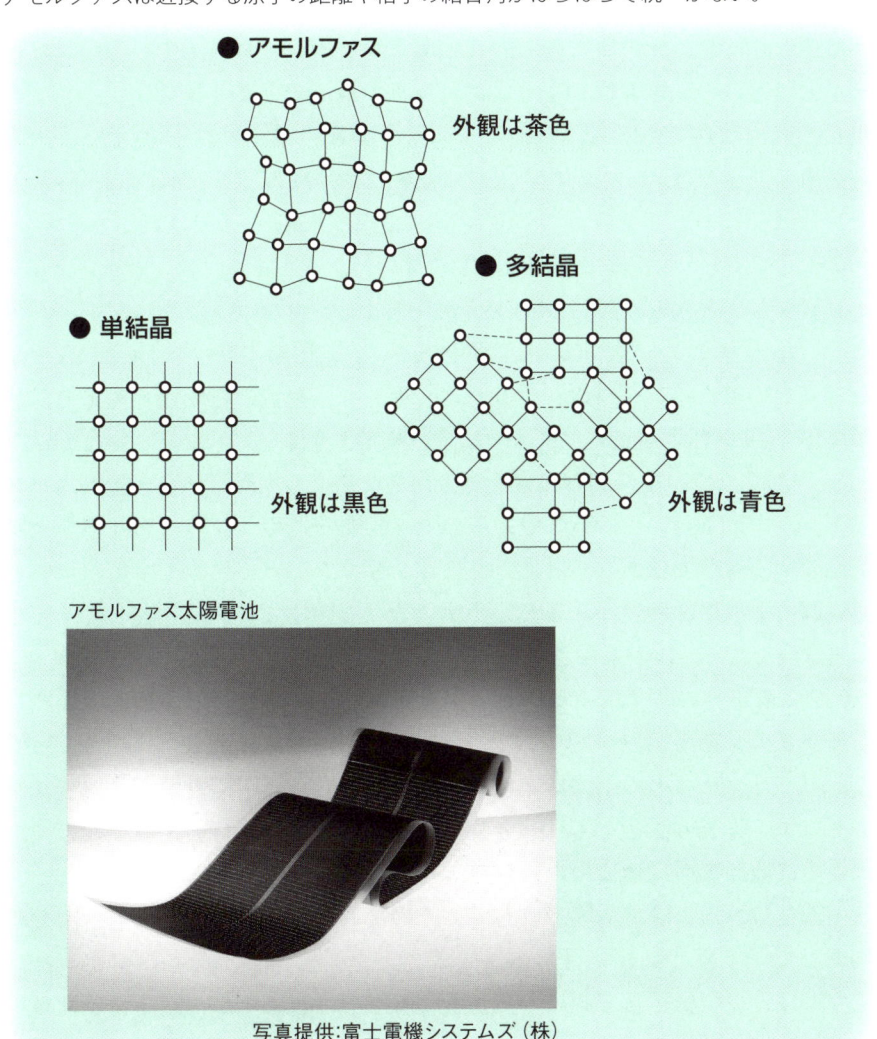

● アモルファス
外観は茶色

● 単結晶
外観は黒色

● 多結晶
外観は青色

アモルファス太陽電池

写真提供：富士電機システムズ（株）

5-4 化合物系太陽電池 CISとCIGS

　化合物系太陽電池の代表的なものが、Cu（銅）とIn（インジウム）、Se（セレン）を利用したCISと呼ばれる薄膜化合物半導体太陽電池です。結晶構造が黄銅鉱（$CuFeS_2$：カルコパイライト）と同じで、カルコパイライト型半導体と呼ばれ、光吸収率の大きな太陽電池に適した材料です。薄膜シリコン系太陽電池の光電変換効率を上回り、世界最高のセル変換効率19.9%を実現し、進められている太陽電池モジュールの変換効率は約13%です。太陽電池用の開発では、インジウム（In）の位置にガリウム（Ga）を一部置き換え、セレン（Se）の一部を硫黄（S）で置き換えるCIGSも研究されています。

　このCIGS系太陽電池で使われる半導体のバンドギャップは、2セレン化銅インジウム（$CuInSe_2$）が1.04eV、2硫化銅インジウム（$CuInS_2$）が1.4eV、2セレン化銅ガリウム（$CuGaSe_2$）が1.68eV、2硫化銅ガリウム（$CuGaS_2$）が2.43eVなので、インジウム、ガリウム、セレン、硫黄の組成比を変えて混晶半導体を作れば、太陽光スペクトルに合わせるようにバンドギャップを1.04eVから2.43eVまで自由に制御できる利点があります。太陽電池の理想的なバンドギャップは1.4eVといわれているので、研究が進めばさらに高効率な太陽電池の実現も夢ではありません。さらにシリコンなどに比べて宇宙線に対して優れた耐放射線特性があることも大きなメリットで、人工衛星にこのCIS太陽電池モジュールが搭載され、その長期安定性が実証されています。

　CIS太陽電池の基本構造は、ソーダライムガラス基板の上に裏面電極としてモリブデンを用い、その上にCIS系の薄膜を作製し、硫化カドミウム（CdS）などのバッファー層の上に例えば酸化亜鉛（ZnO）透明導電膜が形成されたものです。作製方法としては「セレン化法」が用いられています。この方法は太陽電池の裏面電極に用いられるモリブデンの上に、あらかじめ銅とインジウムをスパッタ法で薄膜形成して、その後この薄膜をセレン化水素中で熱処理して、金属とセレンを反応させてCIS薄膜を作製するものです。インジウムは希少金属として価格の高騰なども予想されますが、実用化が進められている太陽電池です。

図 5-4a　CIS 薄膜化合物半導体太陽電池の構造

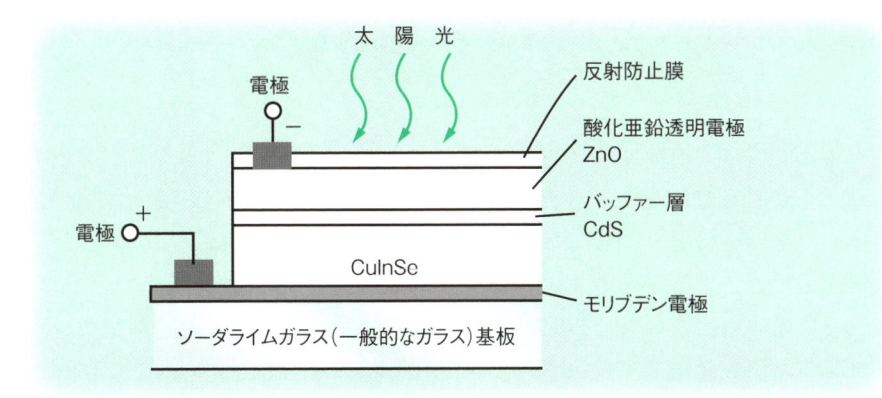

図 5-4b　セレン化法による CIS 薄膜の製造

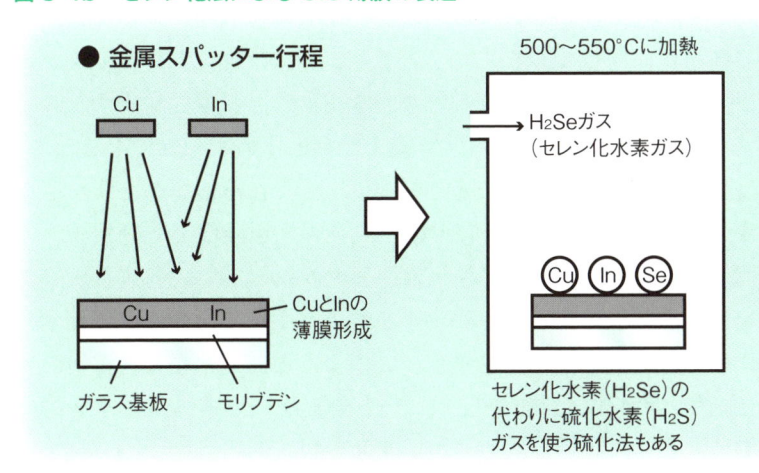

図 5-4c　カルコパイライト（黄銅鉱）型半導体の構造
Se 原子は 2 つの Cu 原子と 2 つの In 原子に結合して正四面体構造になる。

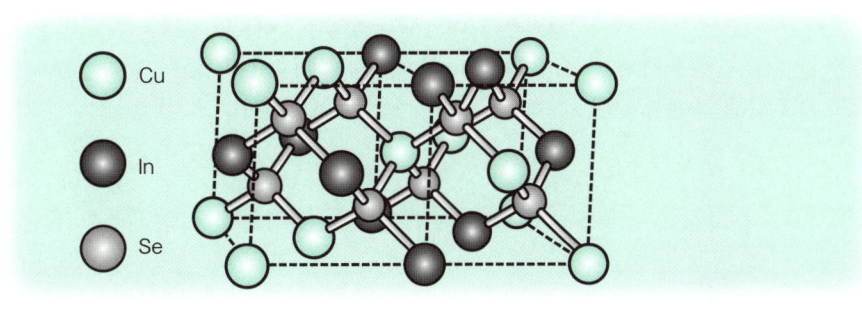

5.5 重箱状に重ねて高効率化するタンデム型太陽電池

　太陽電池では、構成する半導体のバンドギャップ以上の太陽光スペクトルを吸収させて発電します。一方バンドギャップに到達しない太陽光はその半導体の中を無駄に通り過ぎていくことになります。これでは屋根に降り注ぐ太陽光スペクトルが有効に利用されていないと考えるのは当然のことです。ここで登場するのがタンデム型（多接合型、スタック型）太陽電池です。

　タンデム型太陽電池では、太陽光スペクトルをいくつかに分割して受光し、それぞれの波長領域に適した材料を選んで太陽電池を作製したものを多接合します。このため、短波長から長波長の太陽光を有効に利用できることから太陽電池の高効率化が期待できます。2人乗り自転車はタンデム自転車といいますが、2人の力を合わせてより大きな力を出すことに似ています。

　太陽光のスペクトルは紫外線から赤外線まで幅広く分布します。ここで、バンドギャップの異なる複数のpn接合を作製し、これを積層します。そうすれば、光が入射するpn接合から順番に短波長の光を吸収して発電し、より長波長の光は次のpn接合で吸収され発電を繰り返します。各波長域の光エネルギーを無駄なく取り出すことができ、エネルギー変換効率は単接合の太陽電池と比べて高い効率が得られます。このような高効率な太陽電池の候補として、III-V族半導体材料を多接合した太陽電池、単結晶薄膜を多接合にした太陽電池などいろいろ提案されています。

　タンデム型太陽電池の3接合の積層構造の例として、最上層のインジウムガリウムリン（InGaP）層が紫外線から青、緑、黄色の光を吸収し、中間層のインジウムガリウムヒ素（InGaAs）層が赤色を吸収し、最下層のゲルマニウム（Ge）層が近赤外光を吸収するような太陽電池構造もあり、タンデム型太陽電池は40%を超えるエネルギー効率が達成されています。

図 5-5　3接合タンデム型太陽電池の構造としくみ

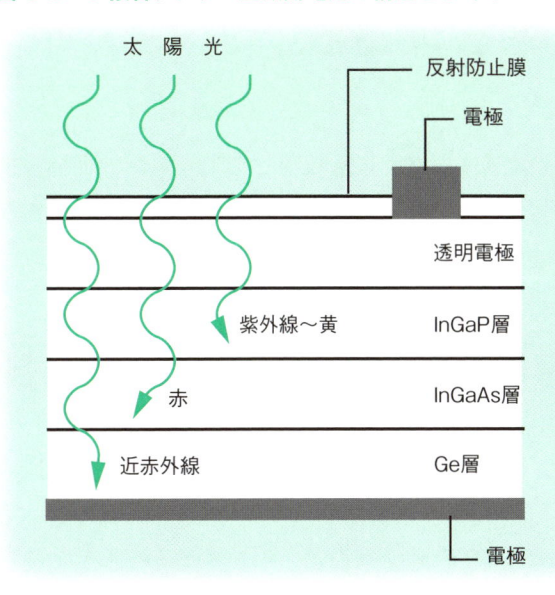

```
太陽光                    反射防止膜
                         電極
                    ─────────────
                         透明電極
         紫外線〜黄      InGaP層
         赤            InGaAs層
         近赤外線       Ge層
                         電極
```

⚠ 量子ドットをタンデム型太陽電池に応用する

　量子ドット（57ページ参照）は、直径が数ナノメートルと小さい半導体の結晶（ナノ粒子）のことで、量子井戸の場合と同様にこの粒子が高いポテンシャル障壁で三次元的に囲まれている場合には、電子が閉じ込められることになります。

　このような量子効果を応用した太陽電池は量子ドット型太陽電池と呼ばれ、理論的に60％以上の変換効率が期待されています。結晶シリコン太陽電池が抱えるバンドギャップエネルギー以下の光が透過する損失と、吸収された光が熱エネルギーとなる損失の2つの課題を解決できる可能性があるためです。

　量子ドットでは、その直径を変えることにより、吸収できる波長を制御することができます。このような量子サイズ効果を利用して、吸収波長の異なる量子ドットの層をタンデム型に重ねることで、紫外線から近赤外光にわたる幅広い光を吸収して、エネルギー変換効率を高めることができるわけです。

5-6 透明な半導体薄膜

　アモルファスシリコン太陽電池は、ガラス基板などを光入射側の支持基板として用いており、一般的にガラス基板/透明導電膜/p形層/i形（真性半導体）層/n形層/裏面電極の順に構成されています。ここで光が照射される側の電極となる**透明導電膜（TCO）** の透過性がよくないと、光のロスが生じてしまいます。そのために、透明度の高い電極や配線を作る研究は太陽電池には欠かせません。そこで、半導体はバンドギャップを超えたエネルギーの波長の光を吸収することから、バンドギャップをどんどん大きくして可視光が吸収できないようなエネルギーギャップを持つ半導体の研究が進められています。

　透明で電気を通す膜を作製するためには、バンドギャップエネルギーの大きな**ワイドバンドギャップ半導体**が利用されます。ワイドバンドギャップ半導体はバンドギャップが3eV以上（≒330nm）と紫外領域に対応するために可視光を吸収しません。また、半導体にドーピングされても金属のように可視光を反射することもありません（金属の電極では電気をよく通しますが、可視光の光は反射してしまいます）。

　このような半導体には、酸化インジウムスズ（ITO）や酸化亜鉛（ZnO）、酸化スズ（SnO_2）などがあり、**酸化物半導体**などと呼ばれています。

　これらの透明導電膜は、透明で電気を通す性質を持つことから、太陽電池への応用のほかにも、携帯電話やノートパソコンの表示用電極、ディスプレイ用電極などさまざまなところで使われています。これらの膜は、主にスパッタリング法や真空蒸着法などによって作製されます。透明導電膜としてもっともよく使われている材料は、ITOです。酸化インジウムに酸化スズを添加してインジウム（In）イオンの位置をスズ（Sn）イオンで置換することでキャリア電子を発生させます。抵抗率が10^{-4} Ω・cm台と低いために液晶ディスプレイなどに使われていますが、インジウムの材料が高価なことから、

> **解説　TCO**：Transparent Conducting Oxide の略。

より安価な酸化亜鉛を利用する研究が進んでいます。透明導電膜を太陽電池に使う場合には、高い透明性と導電性と合わせて太陽光を有効に利用するために表面に凸凹構造（テクスチャー）を有することが求められます（173ページ図5-1a参照）。テクスチャー構造の作製にはCVD法による酸化スズ膜が実用化されています。

図5-6　アモルファス太陽電池の透明導電膜電極

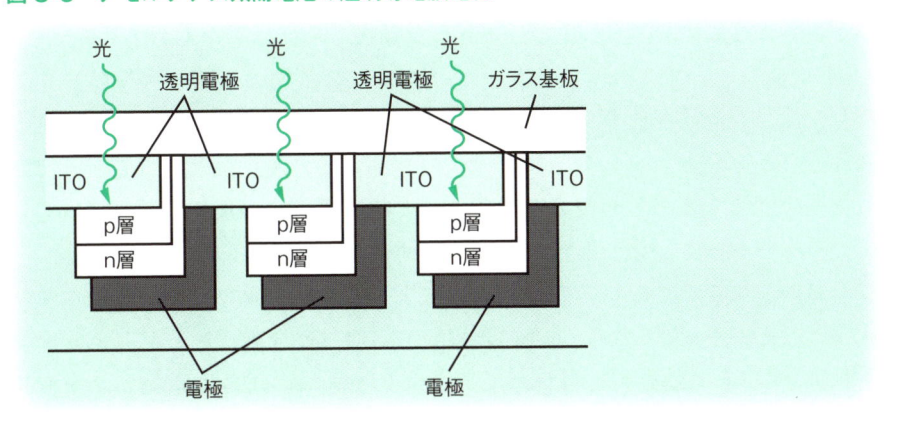

> **⚠ p形の透明半導体は難しい？**
>
> 　透明な酸化物半導体の代表格が酸化インジウムスズ（ITO）で、表示素子や太陽電池の透明電極として使われています。じつは、これらの透明な半導体の多くはn形の半導体で、p形の透明半導体は実現できていませんでした。そのために、透明な半導体同士の組み合わせでpn接合を作ることができませんでした。ところが、最近になってデラフォサイト構造の銅アルミニウム酸化物（$CuAlO_2$）がp形の伝導特性を示すことがわかりました。銅アルミニウム酸化物の結晶は、銅（Cu）と酸化アルミニウム（AlO_2）がそれぞれ層状に積み重なったような構造をしています。このような材料薄膜は、一般にPLDやスパッタ法が用いられて作られ、透明な半導体同士のpn接合によって、ますます面白い透明半導体デバイスへの発展が期待されます。

5-7 熱を直接電気エネルギーに変換する熱電変換素子

●ゼーベック効果の応用

　半導体を用いて熱から直接電気エネルギーを取り出す方法として、**熱電変換**があります。熱電変換は、「**ゼーベック効果**」を応用したものです。

　1821年にドイツの物理学者ゼーベックは、2種類の導体（半導体）を接合して閉じた回路を作り、2つの接合部を異なる温度に保つと回路に電流が流れることを発見しました。これは、接合部の間の温度差と熱電能と呼ばれる物質の性質で決まる起電力が発生するためです。この現象は発見者にちなんで「ゼーベック効果」と呼ばれています。

　その後、フランスの科学者ペルチエにより、2つの異なった金属に電流を流すと「ゼーベック効果」と逆の現象である吸熱や発熱が起こることが発見され、「**ペルチエ効果**」と呼ばれています。どちらの現象も電気と熱を直接つなぐ関係として注目され、このような現象を起こす材料を「**熱電変換材料**」と呼んでいます。

図 5-7　熱電変換式発電のしくみ
n形半導体の電子とp形半導体の正孔は、高温になると伝導エネルギーが増加して、温度の低いほうへと移動する。これによって生じる起電力を利用するのが半導体熱電変換発電だ。

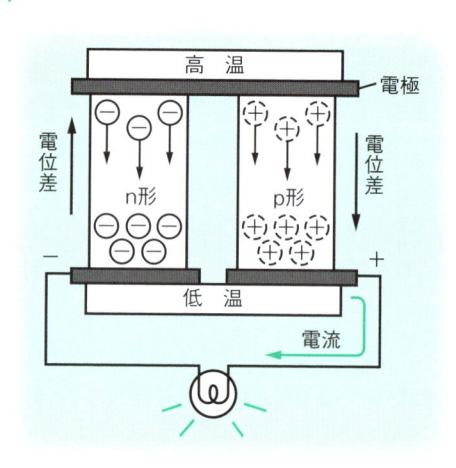

熱電変換による熱電発電のメリットは、熱を電気に直接変換するために、排気ガスの心配がなく地球環境にやさしいクリーンなエネルギーを生み出すことです。導体として半導体を用いれば、熱電発電の効率が飛躍的に向上できることを理論的に最初に提案したのは、ウクライナ生まれのヨッフェでした。

　熱電発電は宇宙開発の中で、ボイジャーやパイオニアのような太陽光の届かない惑星間探査機に通信用電源として実用化されています。ボイジャーの動力源はプルトニウム238の放射性崩壊熱で発電する熱電発電で、すでに20年以上も働き続けて冥王星の写真を地球に送ってきました。

●熱電変換材料

　熱によって発電できる物質固有な熱電能は**ゼーベック係数**と呼ばれ、その単位は単位温度あたりに発生する起電力の大きさ、(V/K、ボルト/ケルビン)で表されます。半導体では、およそ100μV/Kから500μV/K程度です。

　熱電変換では素子内にも電流が流れるために、素子の内部抵抗を低くすることと、できるだけ大きな起電力を生むことが必要になります。現在、常温から250℃ぐらいまでの発電で用いられる材料には、ビスマステルル系の材料があります。n形半導体としてビスマステルルセレン（BiTeSe）、p形半導体としてビスマスアンチモンテルル（BiSbTe）が使用され、約200μV/K程度のゼーベック係数を持っています。

　1つの熱電素子対の構造は、n形半導体が電極を介してp形半導体に電気的に直列に接続されています。したがって、1つの熱電素子対では単位温度あたりの熱起電力は小さいために、大きな電力を得るために温度差を大きくすることが考えられます。さらに熱電素子対を直列に接続して出力電圧を大きくする必要があります。ゼーベック係数が200μV/Kの場合で、温度差が100Kでは、1つのpn接合の熱電素子対あたり20ミリボルト（mV）になるので、2ボルト（V）の出力電圧を得るためには100個を直列に接続することになります。1度の温度差で2ボルトの出力を得ようとすれば、理屈の上では1万個の熱電素子対を接続すればよいことになります。このように起電力の小さな熱電素子対を組み合わせて大きな電圧を得る構造を、**熱電モジュール**といいます。

そして熱電材料の性能を表す表現方法に、**性能指数** Z があります。この指数は、Z=（単位温度あたりの発生電圧であるゼーベック係数の２乗）×（電気導電率）÷（熱伝導率）で表されます。
　そして熱電発電では、この指数が最大になるように材料の開発が行われています。
　しかし、ゼーベック係数は物質に固有な値です。また（電気導電率）×（熱伝導率）の積は材料によってほぼ決まっています。したがって、熱電効率に優れた半導体熱電材料を見つけ出すことは簡単ではありません。
　しかし半導体では、ヘテロ構造を用いた二次元量子井戸構造や人工超格子構造を作製する際に、材料の厚さ方向の寸法を薄くしていくと電子の量子閉じ込めが生じて、熱電性能を非常に大きくできる可能性があることが提案されました。１つの材料で熱電材料を作製する場合と異なり、ゼーベック係数や導電率、熱伝導率を個別に制御して大きな熱電能力を実現しようとする考え方です。
　量子閉じ込め効果によるゼーベック係数の増大は、鉛テルル（PbTe）と鉛ユウロピウムテルル（PbEuTe）による量子井戸構造によって検証されています。また、シリコンとゲルマニウムを用いた超格子構造についても、理論的な予測と実験的な検証が進んでいて、今後新しい熱電変換材料として期待されています。

第6章

半導体の最新動向

半導体技術は日進月歩で進化している。
微細加工技術の向上によるさらなる高集積化や高性能化はもとより、
新しい材料素材の発見や応用による革新的な用途開発など、
最新の話題を紹介してみる。

6.1 電子だけでも光る量子カスケードレーザー

　普通に使われている半導体レーザーは、量子井戸構造で井戸層の伝導帯と価電子帯のバンド間遷移を利用していることを168ページで説明しました。そのとき、伝導帯の電子と価電子帯の正孔が結合することで、レーザー光を取り出します。

　しかし、このような電子と正孔の結合とは別に、電子だけを用いたレーザーが開発されています。**量子カスケードレーザー（QCL）**は、量子力学的な階段を電子が一段ずつ降りて行くときに光子を発生させる、電子だけを利用した新しいレーザーです。深い量子井戸では、サブバンドと呼ばれる離散的なエネルギー準位が形成されます。このサブバンド間の遷移を用いて、近赤外領域からテラヘルツ帯まで広い波長範囲で発光させる光デバイスです。

　量子カスケードレーザーは1994年に実証され、少しずつ実用化されています。量子カスケードレーザーの特長は、井戸の幅を変えることで発光波長を変えることができ、井戸を多段（カスケード）につなぐことにより高出力なレーザー光を得ることができます。このような多段の量子井戸の作製には、ガリウムヒ素（GaAs）とアルミニウムガリウムヒ素（AlGaAs）の組み合わせや、ガリウムインジウムヒ素（GaInAs）とアルミニウムインジウムヒ素（AlInAs）の組み合わせが用いられています。現在では室温で波長4〜13マイクロメートルのレーザー発振が達成されています。

　量子カスケードレーザーの重要な応用分野に環境モニタリングがあります。波長が4〜5マイクロメートル帯のレーザー光はCO_2やCOで吸収されるため、環境計測や排ガス分析への応用が期待されています。さらに、テラヘルツ帯の量子カスケードレーザーも発振に成功して、世界中の研究者がその開発を争っています。

解説
QCL：Quantum Cascade Laser。
テラヘルツ：10^{12}Hz（1,000GHz）。

図 6-1　量子カスケードレーザーのしくみ

量子井戸のサブバンド間を遷移するので、井戸の幅を変えれば発光波長を自由に変えられる。

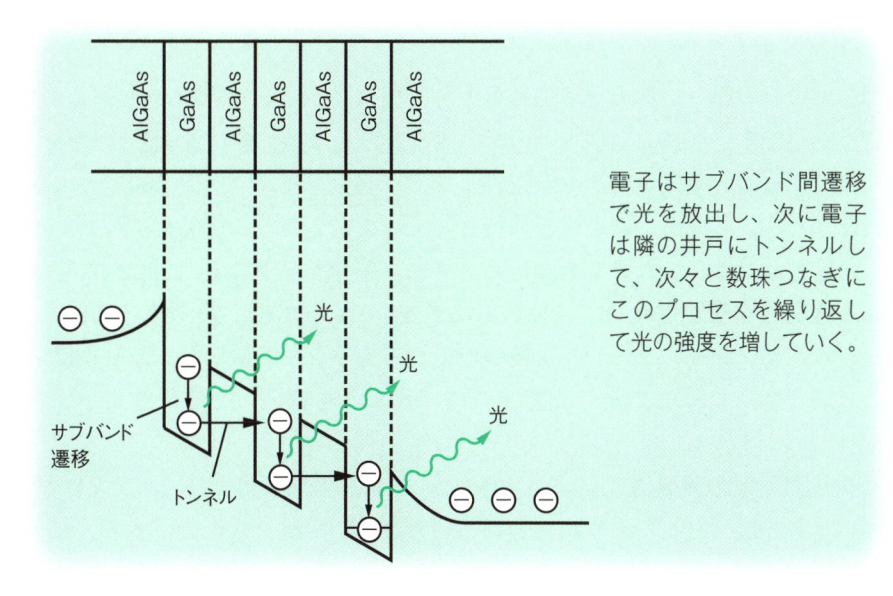

(図中ラベル：AlGaAs / GaAs / AlGaAs / GaAs / AlGaAs / GaAs / AlGaAs、サブバンド遷移、トンネル、光)

電子はサブバンド間遷移で光を放出し、次に電子は隣の井戸にトンネルして、次々と数珠つなぎにこのプロセスを繰り返して光の強度を増していく。

> **⚠ 半導体レーザーのしきい電流**
>
> 　発光ダイオードでは、電圧をかけて電流が流れはじめるとすぐに光りはじめます。しかし、半導体レーザーでは、電流を流してもすぐにはレーザー発振しません。レーザー発振するためには、まず反転分布の状態を達成させることが重要になり、さらに光共振器の中で増幅される光の量が、散乱などによって失われる光の量に打ち勝つことが必要になります。このように、レーザー発振するためには最低限の条件が整わなければいけないのです。そのために半導体レーザーは、電流を流しはじめても最初は自然放出光が出てくるだけで、ある電流値（しきい電流）以上になって急に光の出力が増大してレーザー発振するようになります。このしきい電流が小さければ小さいほど低消費電力なレーザーとなるため、量子カスケードレーザーでは、このしきい電流を下げるための開発が行われています。

6.2 粉から半導体に変身する亜鉛華 ZnO

　白い粉末の粉でこれまで白色顔料として使われているのが酸化亜鉛（ZnO：亜鉛華）です。医薬品や化粧品の原料となっています。酸化亜鉛も半導体の一種で、透明で電気を通す（導電性）こと、バンドギャップも 3.4eV と大きいことから、多方面への応用が期待されています。とくに液晶ディスプレイや太陽電池では、これまでもっぱらスズ添加酸化インジウム（ITO）と呼ばれる透明導電膜が電極などに使われてきました。しかし、最近このITOに使われるインジウム（In）が需要の増大から入手が困難になり、今後枯渇するという噂もあります。そこで、ITOに代わる材料として酸化亜鉛が注目されています。

　酸化亜鉛膜の成膜方法には、ガラス基板上に化学気相成長法（CVD）やスパッター法、ゾル・ゲル法などいろいろな方法で検討されています。

　透明導電膜への応用では、可視領域において 80％以上の透過率や抵抗率が 10^{-3} Ω・cm 以下が求められます。酸化亜鉛は、バンドギャップが大きいことから窒化ガリウム（GaN）、炭化シリコン（SiC）と同様にワイドバンドギャップ半導体に分類され、青色から紫外領域の発光ダイオードなどについても研究が行われています。

図 6-2　透明電極などへの応用が期待される酸化亜鉛

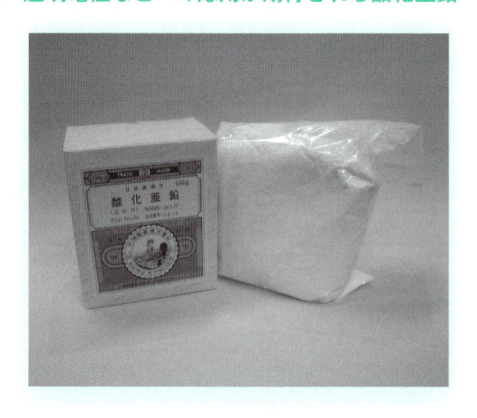

　最近では、水熱合成法を用いて単結晶が開発され、酸化亜鉛のウエハーができるようになりました。このような溶液成長法では大型の熱加圧装置を用いて生産性を向上させることが可能であり、酸化亜鉛半導体を用いたデバイスの実現に大きな一歩となっています。

6.3 半導体と磁性体を融合するスピントロニクス

トランジスターや半導体レーザーなどの半導体エレクトロニクスは、伝導帯の電子や価電子帯の正孔が主役です。これは、電子の持つ「電荷」という自由度を利用して電界によって電子を走らせたり、電子と正孔の衝突から光を取り出すものでした。

しかし、電子には「**スピン**」という自由度があることを忘れてはいけません。1987年にフランスのフェルートとドイツのグリューンベルクのグループは巨大磁気抵抗効果（GMR）を発見し、2007年にノーベル物理学賞を受賞します。強磁性薄膜と非強磁性薄膜を多層にした多層磁性体薄膜のスピンが平行なときには低い抵抗を示し、反平行では大きな抵抗を示す現象です。この効果は身近な記憶装置であるハードディスク（HDD）の読み取り用磁気ヘッドとして実用化され、その容量が飛躍的に増大しました。

この発見から「スピン」が電子の伝導現象に大きな影響を与えることが明らかになりました。そこで半導体にも磁性体の性質を併せ持つような材料が

図6-3a　電子のスピンと強磁性の発生

電子は原子核周囲の軌道を回るだけでなく、自身も自転している。その電子の自転をスピンと呼ぶが、スピンの向きは磁界の方向に対して同じ（アップスピン）か逆（ダウンスピン）の2とおりしかない。電子は1つの軌道に2個ずつペアで存在する（軌道に1個しか電子が存在しない原子は安定を求めてほかの原子と結合して軌道に足りない1個を補充する）が、2個のスピンの向きは必ず逆になる。スピンは物質の磁化に関係するもので、通常はアップとダウンがペアで存在するため磁力は打ち消されるが、最外殻軌道の電子は例外で、スピン方向がアップかダウンのどちらかに偏ることが許されるため、それによって原子は磁力を持つことになる。

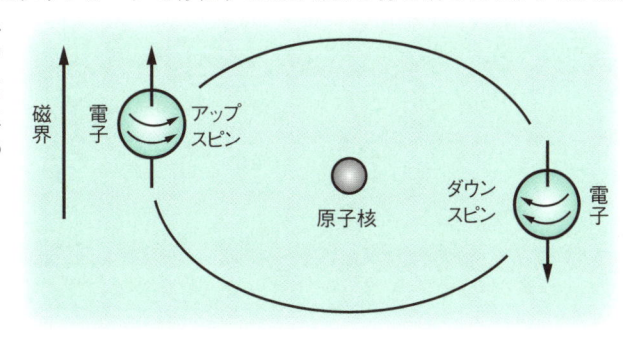

開発されれば、新しい機能を持つ半導体デバイスが実現できるかもしれないと磁性半導体の研究が進められています。そしてこの分野を、金属の磁性体と区別して、**半導体スピントロニクス**と呼びます。

　一般に半導体は磁性を示しませんが、磁性を示す原子を半導体の結晶の中に入れていくと、半導体の性質を保持したまま磁性体の性質を示すようになります。たとえば、ガリウムヒ素（GaAs）の中に磁性原子であるマンガン（Mn）を入れてガリウムマンガンヒ素（GaMnAs）の混晶半導体を作ると、2価のマンガン原子はガリウムヒ素結晶の3価のガリウム原子の位置を置換して、磁性の元になるスピンを作り、正孔を出します。この正孔が仲立ちすることで、マンガン原子のスピンを同じ方向に揃えて強磁性の半導体が作られると説明されています。これを「**キャリア誘起強磁性**」と呼んでいます。

　この材料では強磁性が保持される温度（キュリー温度）は150Kぐらいで、通常私たちが半導体を利用する室温にはなっていません。そこで最近では、室温で利用するための磁性半導体の研究が盛んです。Ⅲ-Ⅴ族のほかにⅡ-Ⅵ族半導体やカルコパイライト型半導体（180ページ参照）にいろいろな磁性原子を入れて室温強磁性半導体の実現に向けた研究が行われ、室温300Kでの強磁性が報告されています。

　磁性半導体の実現により、光アイソレーター、磁気センサー、不揮発性メモリー、スピントランジスターなど新しい半導体デバイスの出現が期待されています。

図6-3b　キャリア誘起強磁性のイメージ

ガリウムマンガンヒ素（GaMnAs）の混晶半導体は、マンガン原子の外殻電子が抜けて正孔となり、この正孔が仲介してマンガン同士のスピンの方向を揃えて強磁性を示すようになる。

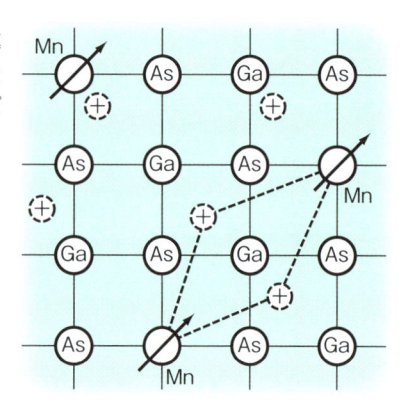

●スピントランジスターの可能性

　スピントロニクスでは、スピントランジスターと呼ばれる新しいトランジスターが提案されています。電界効果トランジスターのソースとドレインに強磁性体でできた電極を取り付け、チャネルにスピンがある方向に揃った二次元電子ガス（スピン偏在電子）を流します。このとき、ゲート電極に電圧をかけて流れている電子のスピンの回転角度を変化させます。もし、ドレイン電極に到達した電子がソース電極と同じスピンの向きを向いていれば抵抗は小さくなり、反平行では抵抗が大きくなることが予想され、このようにしてソースとドレイン間の電流を制御するのがスピントランジスターです。電界をかけてスピンの向きを変えるためには、**ラシュバ・スピン軌道相互作用**と呼ばれる物理現象が使われています。このラシュバ・スピン軌道軌道相互作用は、インジウムヒ素（InAs）をチャネルとしたトランジスター構造において実験的に確認されており、今後はより大きなスピン軌道相互作用を持つ材料やチャネルへのスピン注入に適した磁性半導体の選択が課題となっています。

図6-3c　スピントランジスターの動作イメージ

ソースとドレインに強磁性電極を用いてスピン方向の揃った電子を供給し、ゲート電圧（電界）でスピンの方向を変えて抵抗値を制御する。

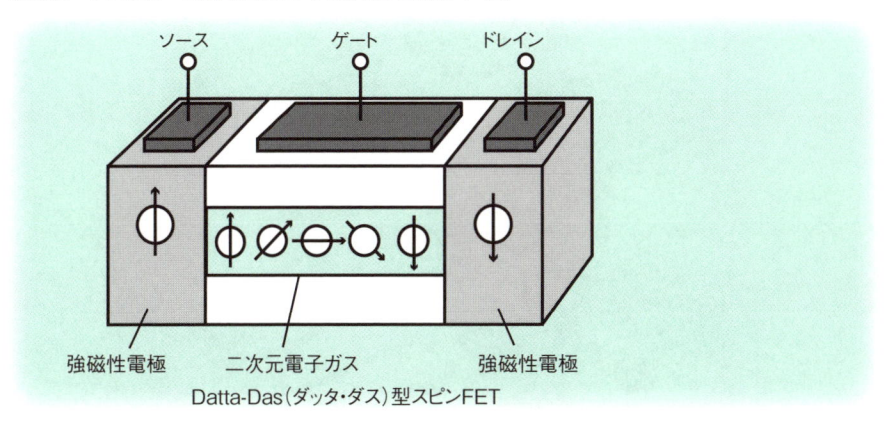

Datta-Das（ダッタ・ダス）型スピンFET

解説　ラシュバ・スピン軌道相互作用：電子は軌道回転による磁気モーメントと、スピンによる磁気モーメントを持つが、両方の磁気モーメントが相互作用すること。

6.4 炭化シリコン SiC が鍵を握るパワーエレクトロニクス

　エアコンや冷蔵庫などではインバータが使われています。コンセントにつながれた 50Hz（関東地区）あるいは 60Hz(関西地区)の交流電源を、いったんコンバータ（整流器）で直流に変換し、インバータによって再度別の周波数の交流に変換する回路です。

　このような電力変換ユニットのインバータを作るときには、電力の損失が少ない変換効率の高い装置が要求されます。もちろん、小型・軽量も使用上重要な要素です。そして交流から直流へ、直流から交流に変換するためには、電流をオン・オフするスイッチの役割をする半導体デバイスが必要です。そのデバイスには電力損失が小さくスイッチ速度が速く、大きな電圧でも壊れない性能が要求されます。

　これまで大きな電力を扱う半導体としてシリコンが使われてきましたが、最近、シリコン材料の限界が見えてきました。そこでシリコンの 10 倍の絶

図 6-4　燃料電池や電気自動車で一躍注目されるパワー半導体デバイス

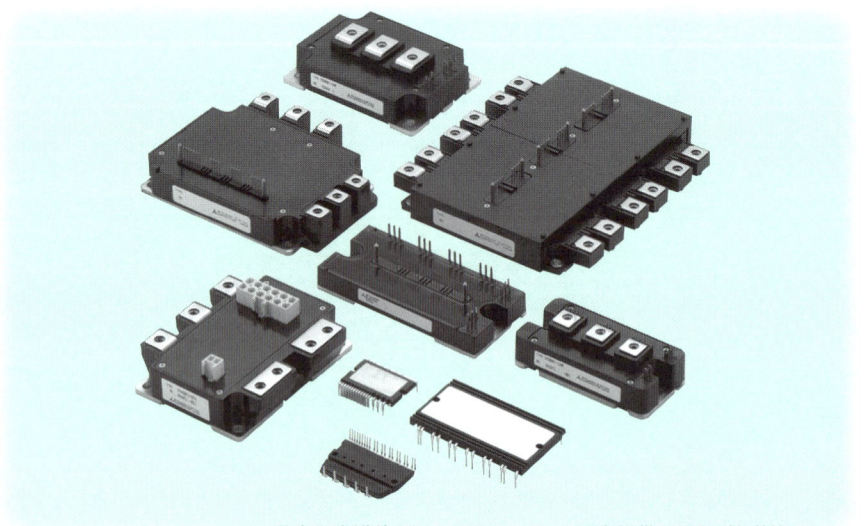

写真は半導体パワーモジュール。写真提供：三菱電機（株）

縁破壊電圧を持つ半導体材料として、炭化シリコン（SiC：シリコンカーバイド）が注目されています。炭化シリコンはバンドギャップが 2.2 〜 3.02eV と大きいことから、シリコンを置き換えれば絶縁破壊電界が大きく、デバイスのオン抵抗の小さなパワーデバイスを作製することができます。そして炭化シリコンや窒化ガリウム、ダイヤモンドのようなバンドギャップの大きな半導体をワイドギャップ半導体と呼んでいますが、炭化シリコンはシリコンと類似して p 形半導体や n 形半導体を作製することができるので、導電性の制御を行うことができます。また、熱酸化プロセスでシリコン酸化膜も作れることから MOS 構造も作製でき、デバイス作製のうえで優れた特長を持っています。また、まだ高価ですが単結晶ウエハーも手に入り、ホモエピタキシー成長も可能です。今後、炭化シリコンデバイスは電気自動車などの普及にはますます重要になると予想されます。

炭化シリコンはいろいろな顔を持つ

炭化シリコンは、化学記号では SiC と書かれますが、じつは１つの半導体を意味していません。組成が同じでも結晶の異なる構造（ポリタイプ、結晶多形）が 200 以上も存在するといわれています。

代表的な結晶多形は、３C、２H、４H、６H などがあり、用途によって用いる結晶形も違ってきます。C は立方晶（Cubic）で H は六方晶 (Hexagonal) を表し、前に付いている数字は SiC の積層構造の繰り返し周期を表します。

一般にパワーデバイス応用では電子移動度が 1,000cm^2/V・s と大きくバンドギャップエネルギーも大きな４H 構造が使われます。６H 構造は格子整合や熱伝導度などの理由から窒化ガリウム（GaN）を結晶成長するときの基板として用いられます。３C 構造はシリコン基板上に成長できることから、大面積で低価格を目指したパワーデバイスへの応用が期待されています。

SiC ウエハーの口径は２インチから３インチ、さらには４インチと大きくなっていますが、結晶品質では、デバイス信頼性の原因となるマイクロパイプと呼ばれる炭化シリコン特有の貫通欠陥の低減が課題となっています。

❗ 注目されるテラヘルツ波

電波の周波数を表す単位は「ヘルツ（Hz）」です。電磁波を発見したヘルツから名づけられています。その前にキロ（k）やメガ（M）、ギガ（G）などの接頭語をつけて大きさを表します。

携帯電話などは2GHz帯の周波数を利用していますし、自動車レーダーでは76～77GHz帯を利用しています。ギガヘルツの上の「テラヘルツ（THz）」は1,000,000,000,000Hzで10^{12}Hzを表し、産業的にもあまり利用できず未開拓電波領域などと呼ばれていました。1THzの1周期は1ピコ秒で、波長はおよそ300μmに相当します。テラヘルツ波は、光の直進性と電波の透過性を備えた光と電波の中間的な領域と定義され、近年めざましい光半導体デバイスの開発によって今後さまざまな応用が検討されています。たとえば、テラヘルツ光を使えば、封筒に入れてある覚せい剤や禁止薬物を見つけ出すことができ、セキュリティーの観点からも期待されています。

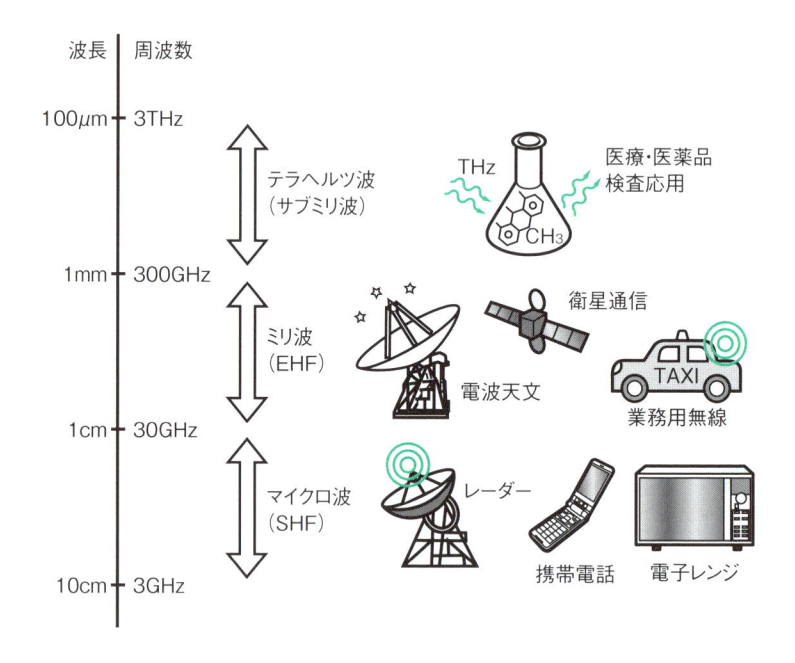

❗ 半導体と特許

　真空管の時代に、3極真空管の持つ増幅作用をなんとか固体のデバイスで実現できないかと考えていた人はきっと少なからずいたはずです。その中でも 1925 年にカナダで出願されたリリエンフェルトの電界効果トランジスターに関する特許が有名です。

　リリエンフェルトは、3極真空管と類似した構造の固体デバイスを提案していますが、「外部から加えた電場（電界）により固体中の導電度を変化させる」といった発想は、ショックレーらがトランジスターを生み出す 20 年も前に提案され、ベル研究所でもこの特許に対する対応を行っています。

　このアイデアに基づいた実験は失敗していますが、このアイデアが次のアイデアにつながったことは間違いありません。

　もう一つの有名な例は、集積回路の特許が当時テキサスインスツルメントにいたキルビーによって提出されており、このいわゆるキルビー特許に日本の半導体業界もずいぶん悩まされました。キルビーは 1999 年に集積回路への功績でクレーマー、アルフェロフの3名でノーベル賞に輝いています。

　最近の話題では、青色発光ダイオードやフラッシュメモリーについての記事が新聞紙上を賑わし、工学において特許がいかに大きな存在であるかを考えさせられる事例です。とくに、今後も市場規模の大きな半導体ビジネスにおいては、ますます特許の存在が重要になってきます。

あとがき

　本書は、学生の皆さんには「これだけを知っておけば、半導体の授業が面白くなる」を、さらに一般の方には「新聞や雑誌を読んだときに出てくる半導体の最新キーワードについて、少しでも理解を助ける」ことを目指して書かれています。半導体分野は日進月歩で進化する産業分野であり、研究開発分野ですが、ときには立ち止まって半導体について少し調べてみようと考えておられる方々にも、そのきっかけになればと考えています。

　実際、半導体とは何ですか？　とあらためて質問されると、すぐにはわかりやすく答えることが難しいものです。どのように説明すれば簡単に理解してもらえるだろうかと考えているうちに時間がたってしまいます。単に金属と絶縁体の中間の抵抗を示すものです、と答えても釈然としません。金属ならば、たとえば鉄とか銅とか身の回りにいろいろ使われていますし、絶縁体の代表であるセラミックは陶器からはじまりこれも身近なところでいろいろ目にしています。じつは、半導体も身近に使われているはずなのですが、これが半導体ですと説明しても、やはりよくわからないものです。

　このように半導体は、目に見える形として説明しにくいのが理解を難しくしている原因なのかもしれません。あるいは、発光ダイオードがなぜ光るのかを簡単に説明することが、難しいのかもしれません。

　本書では、半導体について過去から現在、そして将来につながる最近の話題について示しました。話の中では厳密さを犠牲にしている部分もありますが、半導体を身近に感じていただければと思います。多くの方に、半導体の本質を理解して、より身近に感じていただけたら幸いです。

　最後に、(株)技術評論社の書籍編集部はじめ、第1章の原稿にご協力くださったフリーライターの淵澤進氏、難解な説明をやさしいタッチの絵で演出してくださったイラストレーターの秋田綾子さんに深く感謝いたします。

写真および資料ご提供（50音順）

インテル（株）／Pentium プロセッサー（モノリシック IC）
共同通信社／ENIAC
JR東海／新幹線 N700 系車両
（株）SUMCO／シリコンインゴット、シリコンウエハー
電気通信大学・UEC コミュニケーションミュージアム／鉱石ラジオほか
東京エレクトロン（株）／クリーンルーム、CVD 半導体装置
東北電力（株）／メガソーラー八戸太陽光発電所
日産自動車（株）／電気自動車
（社）日本半導体製造装置協会／半導体のできるまで（後工程）
（株）ピーオーエス／電子ペーパー腕時計
富士電機システムズ（株）／アモルファスシリコン太陽電池
三菱電機（株）／半導体レーザー、半導体パワーモジュール

参考文献

本書は多くの文献を参考にして執筆したものです。主な参考文献を示します。応用物理学会誌なども参考にさせていただきました。

(1) 半導体の理論と応用 (上)　植村泰忠、菊池誠著　裳華房
(2) 半導体物性 I，II　犬石嘉雄、浜川圭弘、白藤純嗣著　朝倉書店
(3) 半導体物性　小長井誠著　培風館
(4) 半導体超格子入門　小長井誠著　培風館
(5) 図解半導体ガイド　（株）東芝セミコンダクター社　誠文堂新光社
(6) スパッタリング現象　金原粲著　東京大学出版会
(7) 光情報産業と先端技術　米津広雄著　工業図書株式会社
(8) 半導体レーザの基礎　栖原敏明著　共立出版株式会社
(9) モノリシックマイクロ波集積回路　相川正義　大平孝　徳満恒雄　広田哲夫　村口正弘　共著　電子情報通信学会
(10) 薄膜太陽電池の基礎と応用　小長井誠編著　オーム社
(11) 日経マイクロデバイス　「太陽電池」2008 年 4 月号—12 月号
(12) 透明酸化物機能材料とその応用　細野秀雄、平野正浩監修　シーエムシー出版
(13) 創造的発見と偶然　G. シャピロ著、新関暢一訳　東京科学同人

用語索引

英数

ASIC	102
ASSP	104
CAD	118
CCD（CCDイメージセンサー）	112
CIGS	180
CMOSインバーター	100
CMP	136
CPLD	104
CVD法	130
CZ法	122
DRAM	106, 108
EEPROM	106
EEPROM記憶方式	104
electron	26
EPROM	106
FET	74
FNトンネル効果	110
FPGA	104
GaN	86
gm	78
GTOサイリスタ	93
HBT	84
HB法	124
HDL	104
HEMT	54, 82
h_{FE}	72
IC	62, 98
IGBT	96
LEC法	124
LED	152
LSI	98, 102
MCU	102
MCZ法	122
MESFET	80
MMIC	114
MOCVD	130, 156
MOS	76
MOS構造	76
MOSトランジスター	76
MOVPE	130
MPU	102
NAND型	110
NOR型	110
npn形	70
n形半導体	30, 32
nチャネルFET	74
N半導体	56
PBNるつぼ	124
pin接合	168
pinフォトダイオード	160
PLD	104
PL法	51
pnp形	70
pn接合	40
p形半導体	30, 34
pチャネルFET	74
QCL	190
RAM	106
RFスパッタリング	138
RHEED（RHEED振動）	132
ROM	106
SCR	90
Semiconductor	10
SiC	86
SOC	102
SRAM	106
TCO	184
Torr	132
UPIC	104

VB法	124
VLSI	98
W半導体	56
YAGレーザー	164

ア行

青色発光ダイオード	156
青黄色系擬似白色発光	158
アクセプター	34
アクセプターイオン	34
アクセプター準位	34
後工程	118, 134, 142
アナログ集積回路	98
アノード	152
アバランシェ降伏	46
アバランシェダイオード	161
アプリケーション・スペシフィック・スタンダード・プロダクト	104
アモルファスシリコン太陽電池	178
アンチヒューズ記憶方式	104
イオン化エネルギー	32
イメージセンサー	112
インコヒーレント光	150
インバータ	86, 172
インピーダンスマッチング	115
ウエットエッチング	136
ウエハー処理(製造)工程	118
エキシマレーザー	128
液相エピタキシー	128
エッチング	126
エニアック	66
エネルギー準位	20
エネルギーバンド	20
エネルギーバンド図	22
エネルギーレベル	20
エピタキシー成長	128
エミッター	68, 70
エレクトロニクス	64
エンハンスメント型	78, 94

オービタル	0
オーミック電極	81
オプトエレクトロニクス	64, 148
オリエンテーションフラット	126
温度電圧試験	142

カ行

外来半導体	24
化学気相堆積法	130
化学研磨	126
可干渉性	164
拡散電位	42
化合物系太陽電池	180
化合物半導体	80
ガスソースMBE	132
ガスレーザー	164
カソード	152
価電子	22
価電子制御	28
価電子帯	22
カルコパイライト型半導体	180
間接遷移型半導体	48
擬整合	129
気相成長	120
気相エピタキシー	128
気相反応	120
基底状態	166
揮発性メモリー	102, 106
不揮発性メモリー	106
逆方向バイアス	44, 46
キャパシター	108
キャリア	22, 26
キャリア誘起強磁性	194
共有結合	21, 28
禁制帯	22
金属シリコン	120
空間電荷層	40
空乏状態	76
空乏層	40

クーロン力	32
組み立て工程	118
ゲート	74
結晶方位	127
元素半導体	12
光子	58
格子定数	52, 85
格子整合	85, 128
格子不整合	129
公称効率	175
構造敏感	18
高電子移動度トランジスター	54, 82
光導電効果	162
降伏現象	46
固体撮像素子	112
コヒーレント	164
コレクター	68, 70
混晶	52
コンバータ	86

サ行

再結合	48
サイリスタ	90
サブバンド	54
酸化亜鉛	192
三角ポテンシャル井戸	54
酸化物半導体	12, 184
しきい値電圧	78
色素レーザー	164
自己消去型サイリスタ	93
システム LSI	102
自然放出	166
自然放出光	150
周期表	12
集積回路	98
集束イオンビーム	134
シュードモルフィック HEMT	82
自由励起子	150
シュレディンガー方程式	59

順方向バイアス	44
少数キャリア	30
ショットキー接触(電極)	81
シリカ	120
シリコンソーラーセル	172
白色発光ダイオード	158
真性半導体	24
水素化アモルファスシリコン	179
垂直ブリッジマン法	124
スイッチング作用	72
水平ブリッジマン法	124
スタック型	108
スパッタリング法	138
スピン	193
スピンエレクトロニクス	64
スピントロニクス	64
正孔	26
整流作用	10
整流特性	44
ゼーベック係数	187
ゼーベック効果	186
石英	120
絶縁ゲート型バイポーラトランジスター	96
絶縁体	14
絶縁抵抗	15
設計工程	118
接合型トランジスター	68, 70, 75
セル変換効率	174
セレン化法	180
セレンディピティ	116
遷移	48
相互コンダクタンス	78
増幅作用	72
ソース	74
束縛励起子	150
素子の集積度	98

タ行

ダイオード	67

大規模集積回路 …………………… 98, 102	電子 …………………………………… 26
ダイシング ……………………………… 142	電子回路 ……………………………… 62
耐電圧 …………………………………… 88	電子殻モデル ………………………… 21
耐電流 …………………………………… 88	電子ボルト …………………………… 32
太陽電池モジュール ………………… 172	点接触型ダイオード ………………… 66
多結晶 …………………………………… 20	点接触型トランジスター …………… 68
多結晶シリコン太陽電池 …………… 176	伝導帯 ………………………………… 22
多結晶シリコン棒 …………………… 120	伝導電子 ……………………………… 22
多重量子井戸構造 ……………………… 56	電流増幅率 …………………………… 72
多数キャリア …………………………… 30	導体 ……………………………… 10, 14
ダブルヘテロ接合 …………………… 154	透明導電膜 …………………………… 184
ダブルヘテロ接合構造 ……………… 168	ドーピング …………………………… 24
単結晶 ………………………………… 120	ドナー ………………………………… 32
単結晶シリコン太陽電池 …………… 176	ドナーイオン ………………………… 32
タンデム型太陽電池 ………………… 182	ドナー準位 …………………………… 32
蓄積状態 ………………………………… 76	ド・ブロイ波 ………………………… 59
チャネル ………………………………… 74	トライアック ………………………… 92
超格子構造 ……………………………… 56	ドライエッチング …………………… 136
長周期表 …………………………… 13, 20	トランジスター ……………………… 68
超大規模集積回路 ……………………… 98	トランスファーゲート ……………… 112
直接遷移型半導体 ……………………… 48	トリクロロシラン …………………… 120
チョクラルスキー法 ………………… 122	ドリフト電流 ………………………… 42
ツェナー降伏 …………………………… 46	ドレイン ……………………………… 74
定格電圧 ………………………………… 88	トレンチ型 …………………………… 108
定格電流 ………………………………… 88	トレンチゲート ……………………… 94
定在波 …………………………………… 56	トンネル効果 ………………………… 46
ディスクリート ………………………… 98	
ディスクリート半導体 ………………… 62	**ナ行**
デーヴィー ……………………………… 16	
テクスチャー ………………………… 172	内蔵電位 ……………………………… 42
デジタル集積回路 ……………………… 98	二酸化シリコン ……………………… 120
デプレッション形 ……………………… 79	二次元電子ガス ……………………… 54
電位障壁 ………………………………… 42	熱電変換材料 …………………… 186, 187
添加 ……………………………………… 24	熱電モジュール ……………………… 187
電界効果トランジスター ……………… 74	ノーマリーオフ型 …………………… 94
電荷結合素子 ………………………… 112	
電荷二重層 ……………………………… 40	**ハ行**
電気回路 ………………………………… 62	
電気抵抗率 ………………………… 14, 17	ハードウェア記述言語 ……………… 104
電気導電率 ……………………………… 17	バーンイン …………………………… 142

ハイブリッドIC …………………… 98	フォトン …………………………… 58
バイポーラトランジスター …………… 70	不確定性原理 ……………………… 60
薄膜化合物半導体太陽電池 …… 180	不揮発性半導体メモリー ………… 110
薄膜結晶成長 ……………………… 128	不揮発性メモリー …………… 102, 106
パッケージ形状 …………………… 98	不純物半導体 ……………………… 24
発光ダイオード …………………… 152	物質波 ……………………………… 59
パルスレーザー堆積法 …………… 128	プラズマCVD …………………… 178
パワーMOSFET ………………… 94	プラズマ化学気相成長法 ………… 178
パワーエレクトロニクス ………… 196	フラッシュメモリー ………… 106,110
パワー半導体 ……………………… 86	プレーナ型トランジスター ……… 75
パワー半導体の利用領域 ………… 97	プレーナゲート …………………… 94
反射高エネルギー電子線回折法 …… 132	フローティングゲート …………… 110
反転状態 …………………………… 76	プログラマブル・ロジック・デバイス 104
反転分布 …………………………… 166	分子線エピタキシー ………… 128, 132
半導体 ……………………… 10, 14	平衡状態 …………………………… 40
半導体材料 ………………………… 37	ベース ……………………………68,70
半導体スピントロニクス ………… 194	ベガード則 ………………………… 52
半導体デバイス …………………… 62	劈開面 ………………………… 127, 169
バンドギャップ …………………… 22	ヘテロエピタキシー ……………… 128
バンドギャップエンジニアリング …… 52	ヘテロ接合 ………………………… 54
バンドギャップ波長 ……………… 50	ヘテロ接合バイポーラトランジスター 84
バンド―不純物準位間遷移 ……… 150	ペルチエ効果 ……………………… 186
反応性スパッタ …………………… 138	変換効率 …………………………… 174
非可干渉光 ………………………… 150	方鉛鉱 ……………………………… 66
光起電力効果 ………………… 160, 172	ホール ……………………………… 26
光の共振器 ………………………… 167	ホッピング伝導 …………………… 178
光リソグラフィ …………………… 134	ホモエピタキシー ………………… 128
非結晶 ……………………………… 178	ホモ接合 …………………………… 55
ビット線 ……………………… 109, 111	
表面準位 …………………………… 68	**マ行**
ピンチオフ電圧 …………………… 78	
ファブリーペロー共振器 ………… 167	マイクロプロセッサー …………… 102
ファラデー ………………………… 16	マイコン …………………………… 102
フェルミレベル …………………… 22	マウント工程 ……………………… 142
フォトセル ………………………… 162	前工程 ………………………… 118, 134
フォトダイオード ……………… 112, 160	マグネトロン・スパッタリング …… 138
フォトトランジスター …………… 161	マスクROM ……………………… 106
フォトニクス ……………………64, 148	無機半導体 ………………………… 12
フォトマスク ………………… 118, 134	メモリーセル ……………………… 108
フォトルミネッセンス法 ………… 51	モールド封入 ……………………… 142

モジュール変換効率	174	ローレンツ力	163
モノリシックIC	98	ロジックIC	100
モノリシック・マイクロ波集積回路	114		
モレキュラービームエピタキシー	132		

ヤ行

ワ行

融液封止引き上げ法	124	ワード線	109, 111
有機金属化学気相成長法	156	ワイドバンドギャップ半導体	184
有機金属化学気相堆積法	130	ワイヤー	57
有機金属化学成長法	130	ワイヤーボンディング	142
有機金属気相エピタキシー	128, 130	ワンタイムプログラマブル	104
有機半導体	12	ワンチップマイコン	102
ユーザー・プログラマブルIC	104		
誘導放出	166		
ユニポーラトランジスター	74		

ラ行

ラシュバ・スピン軌道相互作用	195
ラッピング	126
リフレッシュ	108
リフレッシュ動作	106
リプログラマブル型	104
量子井戸構造	56, 154
量子カスケードレーザー	190
量子効果デバイス	57
量子効率	160
量子細線	57
量子条件	58
量子ドット	57
量子箱	57
量子論	20, 58
ルミネッセンス	149
励起子	150
励起状態	166
レーザー	164
レーザー発振	166
レジスト	134
レチクル	118, 134

■著者紹介

内富直隆（うちとみ・なおたか）
長岡技術科学大学 工学部 電気系 教授 工学博士
東京工業大学　総合理工学研究科博士後期課程中退。1982年に東京芝浦電気（株）総合研究所に入社後、（株）東芝研究開発センターを経て、1999年より現職。
専門分野：機能性半導体工学

- 装丁　　　　　中村友和（ROVARIS）
- 作図＆イラスト　秋田綾子、亀井龍路
- 編集＆DTP　　株式会社ツールボックス

しくみ図解
半導体（はんどうたい）が一番（いちばん）わかる

2014年 6月 5日　初版　第1刷発行
2018年 5月24日　初版　第3刷発行

著　者　　内富直隆
発行者　　片岡　巌
発行所　　株式会社技術評論社
　　　　　東京都新宿区市谷左内町 21-13
　　　　　電話　03-3513-6150　販売促進部
　　　　　　　　03-3267-2270　書籍編集部
印刷／製本　株式会社加藤文明社

定価はカバーに表示してあります

本書の一部または全部を著作権法の定める範囲を超え、無断で複写、複製、転載、テープ化、ファイル化することを禁じます。

©2014　内富直隆

造本には細心の注意を払っておりますが、万一、乱丁（ページの乱れ）や落丁（ページの抜け）がございましたら、小社販売促進部までお送りください。送料小社負担にてお取り替えいたします。

ISBN978-4-7741-6457-1　C3055

Printed in Japan

本書は、2009年10月発行の『初歩の工学 はじめての半導体』を増補改訂したものです。

本書の内容に関するご質問は、下記の宛先まで書面にてお送りください。お電話によるご質問および本書に記載されている内容以外のご質問には、一切お答えできません。あらかじめご了承ください。
〒162-0846
新宿区市谷左内町 21-13
株式会社技術評論社 書籍編集部
「しくみ図解」係
FAX：03-3267-2271